༄། །གངས་རིའི་ར་བས་བསྐོར་བའི་ཞིང་ཁམས།

བསམ་ཡོད་ཀྱིས་རྩོམ་སྒྲིག་བྱས།

བོད་ལྗོངས་མི་དམངས་དཔེ་སྐྲུན་ཁང་།

图书在版编目（CIP）数据

雪山环绕的圣地：藏文 / 桑学编著 . -- 拉萨：西藏人民出版社，2020.12
ISBN 978-7-223-06725-6

Ⅰ . ①雪… Ⅱ . ①桑… Ⅲ . ①雪山 - 介绍 - 中国 - 藏语 Ⅳ . ① P941.76

中国版本图书馆 CIP 数据核字（2020）第 210802 号

雪山环绕的圣地

编　　著	桑学
责任编辑	卓玛措
责任印制	拉姆曲珍
封面设计	格桑罗布
出版发行	西藏人民出版社（拉萨市林廓北路 20 号）
印　　刷	拉萨市明鑫印刷有限公司
开　　本	787×960　1/16
印　　张	8.25
字　　数	100 千
版　　次	2021 年 7 月第 1 版
印　　次	2021 年 7 月第 1 次
印　　数	01- 2,000
书　　号	ISBN 978-7-223-06725-6
定　　价	32.00

དཀར་ཆག

སྔོན་འགྲོའི་གཏམ།

《གངས་རིའི་ར་བས་བསྐོར་བའི་ཞིང་ཁམས》ཞེས་པ་དེ་རྩོམ་བྲིས་བྱེད་པའི་འདུན་པ་ནི། རང་རེ་བོད་ལྗོངས་ནི་བོད་ཁ་བ་གངས་ཅན་དང་། གངས་ལྗོངས། གངས་རིའི་ར་བས་བསྐོར་བའི་ཞིང་ཁམས་སོགས་ཡོངས་སུ་གྲགས་པ་འཛམ་གླིང་ཡང་རྩེའི་གཙུག་ཕུད་ལྟ་བུར་གནས་ཡོད་ཅིང་། དེ་ཡང་བོད་ཀྱི་ཡངས་ཤིང་རྒྱ་ཆེ་བའི་ས་གཞི་ན་ལྷུན་སྡུག་གངས་རི་གནམ་གྱི་ག་བ་ལྟ་བུས་ཡོངས་སུ་བསྐོར་ནས། རི་རྒྱུད་རིང་བ་དང་། ཆུ་སྣ་འཛོམས་པ། རི་མཐོ་ས་གཙང་། འཛམ་གླིང་ཤར་ཕྱོགས་ཀྱི་ཆུ་འགོ་ལྟ་བུ། བསྐལ་པ་ཡ་ཐོག་གི་ནགས་ལྗོངས། ས་མཐའ་མེད་པའི་རྩྭ་ཐང་། གྲངས་ལས་འདས་པའི་མཚོ་དང་མཚེའུ་གཡུ་ཡི་མཆུལ་ཕུལ་བ་ལྟ་བུ། གསེར་དངུལ་ཟངས་ལྕགས་སོགས་གཏེར་གྱིས་ཕྱུག་པ། རི་སྐྱེས་སྲོག་ཆགས་སྤྱིར་ཆགས་དང་། འདབ་ཆགས། ཉིག་ཆགས་སོགས་རིགས་མང་བ། ཕྱུགས་ཟོག་དཀར་ནག་ནམ་མཁའི་སྐར་མ་ས་ལ་འཕོས་པ་ལྟ་བུ་སོགས་དགོས་འདོད་ཐམས་ཅད་འབྱུང་བའི་ཡུལ་ཁྱད་པར་ཅན་ཞིག་ཡིན། དེ་དག་ཚང་མ་ནི་ཡོན་ཏན་ཕུན་ཚོགས་དཔལ་གྱི་གངས་རིའི་ར་བས་བསྐོར་བའི་ཞིང་ཁམས་དང་ཉ་ཆུ་ལྟ་བུའི་འབྲེལ་བ་ཡོད་པ་མ་ཟད། འཛམ་གླིང་ཤར་ཕྱོགས་ཨེ་ཤེ་ཡ་གླིང་དང་ཐ་ན་ས་གོ་ལ་ཧྲིལ་པོར་ཤུགས་རྐྱེན་ཐེབས་ཀྱི་ཡོད། གངས་རི་ནི་མི་སྲོག་སེམས་ཅན་ཡོད་དོ་ཅོག་གི་མགོན་པོ་ལྟ་བུ་ཡིན་ལ་གསེར་རི་དང་དངུལ་རི་འཕྲུལ་མེད་རང་ཡིན། གངས་རིའི་ཕན་ཡོན་ནི་བརྗོད་ཀྱིས་མི་ལངས་པ་དང་། མིག་སྔར་དགོས་འདོད་ཐམས་ཅད་འབྱུང་བའི་ཁོར་ཡུག་དེ་ལ་སྲུང་སྐྱོབ་བྱ་རྒྱུ་ནི་གོང་འོག་ཚང་མའི་ཁ་ཆ་དགོས་ཐུག་གི་འོས་འགན་ཡིན།

དེང་འཛམ་གླིང་སྤྱིར་ན་ཚ་དྲོད་ཇེ་ཆེར་འགྲོ་བཞིན་པས། ས་ཁམས་དང་། རླུང་ཁམས་ཆུ་སོགས་ལ་འགྱུར་བ་ཕྱིན་ནས་རང་བྱུང་ཁམས་ཀྱི་གནོད་འཚེ་གཅིག་རྗེས་གཉིས་མཐུད་དང་ཐོན་ཞིང་ཡོད། སའི་གོ་ལ་ཧྲིལ་པོའི་ལྷོ་སྣེ་དང་བྱང་སྣེ་གཉིས་ཀྱི་འཁྱགས་རོམ་རྒྱ་མཚོ་ཆེན་པོའང་བཞུར་བཞིན་ཡོད་

པ་དང་། རང་རེ་བོད་ཁ་བ་ཅན་གྱི་གངས་རི་གྲགས་ཅན་ཁག་ཅིག་མངོན་གསལ་དོད་པོས་བཞུ་བཞིན་ཡོད་པ་མཐོང་ཆོས་སུ་གྱུར། འཛམ་གླིང་གི་ཡུལ་གྲུ་མང་པོར་ས་ཡོམ་དང་། ཆུ་སྐྱོན། མེ་སྐྱོན། མེ་རི་འབར་གས། སད་སེར། ཐན་སྐྱོན། རི་ཉིལ་བ། རྒྱ་མཚོ་ལུད་པ། རླུང་དྲག་རྒྱག་པ། ནད་ཡམས་བྱུང་བ། རྩ་ཆེའི་སྲོག་ཆགས་ཁག་ཅིག་སྟོངས་འགྲོ་བ་སོགས་ཀྱི་གནོད་འཚེ་མང་པོ་ཐོན་བཞིན་ཡོད། དེ་དག་མང་ཆེ་བ་ནི་མི་རང་ཉིད་ཀྱིས་བཟོས་པའི་ཕུགས་འབྲས་ངན་པ་ཡིན།

2018ལོ་ཁོ་ནར་ཛ་མོ་གླང་མའི་རི་འདབས་ནས་གད་སྙིགས་རྒྱ་མ་དུན་བརྒྱད་ལྷག་ཐོན་ཡོད། དུས་རྒྱུན་དུ་ཁོར་ཡུག་སྲུང་རྒྱུའི་ཐད་བརྒྱ་བཤད་ཚིག་གི་རྩ་བ་སྟོང་བཤད་དོན་གྱི་འབྲས་བུ་མེད་པ་དེ་དང་དེ་འདྲ་བའི་གནས་ཚུལ་མཐོང་དུས་སེམས་ནང་བཟོད་སླགས་བྲལ་བ་དང་། ལྷག་པར་འཛམ་གླིང་ཡང་རྩེའི་དག་པའི་ཞིང་ཁམས་དེར་ཞེན་ཆགས་དགའ་དྲགས་ནས་སེམས་པས་མཇུབ་མོ་མ་བཞག་པར་འབྲི་བ་ལས། གཏམ་སྙན་གྲགས་ལ་འདོད་ནས་བྲིས་པ་ག་ལ་ཡིན། འཆི་བ་མི་རྟག་ཤེས་པའི་རྐད་པོ་ལ། སྙོ་གོས་གཏམ་གསུམ་དགོས་དོན་མེད། མི་རབས་རྗེས་མ་ལ་ཁོར་ཡུག་གཙོང་ནད་རྨས་སྐྱོན་མེད་པ་མཛེས་སྡུག་ལྡན་པ་ཞིག་བཞག་རྒྱུའི་འདུན་པ་དང་། ཕན་འབྲས་ཏིལ་འབྲུ་ཙམ་ཐོན་ན་ཅི་མ་རུང་བསམས་ནས་《གངས་རིའི་ར་བས་བསྐོར་བའི་ཞིང་ཁམས་》ཞེས་པ་དེ་རྩོམ་བྲིས་བྱས་པ་ལགས། དེ་ཡང་གངས་རིའི་ཁྲོད་ཀྱི་གྲགས་ཅན་གངས་རི་ཁག་ཅིག་གི་འབྱུང་བ་ལོ་རྒྱུས་མདོ་ཙམ་དང་། གངས་རི་དང་འགྲོ་བ་མིའི་བར་གྱི་འབྲེལ་བ། ཡོན་ཏན་ཕུན་ཚོགས་དཔལ་གྱི་གངས་རི་དེ་དག་གི་ཕན་ཡོན། དེ་བཞིན་ཁོར་ཡུག་སྲུང་སྐྱོབ་ཀྱིས་འབྱུང་ཁམས་དོ་སྙོམས་ལ་ཕན་འབྲས་ཐོན་པའི་འདུན་པ་ཞིག་ཀྱང་བཅངས་པ་ཡིན།

འོན་ཏེ་རྒྱུ་རྐྱེན་སྣ་ཚོགས་ཀྱིས་རྐྱེན་པས་གངས་རིའི་འབྱུང་བ་ཆ་ཚང་བ་ཞིག་འབྲི་བའི་སྤོབས་པའི་ཡོམ་མེད་ཁོ་བོ་མེད་ཅིང་། རྩོམ་སྒྲིག་བྱས་པ་དེ་རྣམས་སུ་ཕྱོགས་ཙམ་རེ་གསལ་བའི་ཆེད། ལོ་རྒྱུས་དེབ་ཐེར་དང་། རྒན་རབས་རྣམས་ཀྱི་ཁུངས་ལྡན་ངག་རྒྱུན་གྱིས་ཁ་སྐོང་དང་། ཡོན་ཏན་ཅན་ནས་བརྩལ་བའི་དཔྱད་གཞི་ལ་གཞི་བཅོལ་གྱིས། རང་ཉིད་ཀྱི་ཉམས་མྱོང་དང་བཅས་ཞིབ་བསྡུར་གྱི་ལེགས་

ཆ་བཏུས་པས་ཟུར་བརྒྱན་ཏེ། བརྗོད་བྱའི་དོན་འགངས་ཟབ་ལ། བརྗོད་བྱེད་ཀྱི་ཚིག་ཚོགས་ཉུང་བ་སོགས་ལ་འབད་ནས་བྲིས་ནའང་། རང་ཉིད་རྣམ་དཔྱོད་ཀྱི་མཐུ་རྩལ་དམན་པས། ད་དུང་འགལ་འཁྲུལ་རིགས་ཡོད་སྲིད་པས་མཁྱེན་སྤྱན་ཡངས་པ་རྣམས་ནས་ལེགས་བླང་སྐྱོན་དོར་གྱིས་བསླབ་བྱ་ནོར་བུའི་བང་མཛོད་ཁང་ལྷ་བུའི་རིན་ཐང་གཞལ་དུ་མེད་པ་དགོངས་འཇགས་འཚལ།

རྩོམ་སྒྲིག་བྱེད་སྐབས། དེབ་འདིའི་པར་རིས་ཆ་ཤས་བོད་རང་སྐྱོང་ལྗོངས་རི་འཛོགས་མཐུན་ཚོགས་དང་། ཀྲུང་གོའི་བོད་ལྗོངས་རི་འཛོགས་ཙ་ཁག་ནས་མགོ་འདོན་གནང་བར་ཐུགས་རྗེ་ཆེ་ཞུ་རྒྱུ་དང་། བོད་ལྗོངས་དཔེ་མཛོད་ཁང་གི་དབུ་འཛིན་གཞོན་པ་སྤེན་པ་ཚེ་རིང་ལགས་དང་། དཔེ་སྐྲུན་སྡེ་ཁག་གི་རྡོ་རྗེ་དབང་འདུས་ལགས། གློག་ཀླད་ལག་རྩལ་པ་ཕུར་སྒྲོན་དང་ལྷ་སྐྱིད་ལགས་སོགས་ནས་གང་ཅིའི་ཐད་རྒྱབ་སྐྱོར་གནང་བར་ཁ་ཞེ་གཉིས་མེད་ཀྱི་ཐུགས་རྗེ་ཆེ་ཞུ།

དང་པོ། གངས་ལྗོངས་སྤྱིར་བཤད་པ།

རང་རེ་བོད་ལྗོངས་འདི་ཉིད་ལ་བོད་ཁ་བ་ཅན་དང་། བོད་གངས་ཅན། གངས་རིའི་ར་བས་ཡོངས་སུ་བསྐོར་བའི་ཞིང་ཁམས། གངས་རི་ཤེལ་གྱི་མཆོད་རྟེན་ལྟ་བུས་ཡོངས་སུ་བསྐོར་བའི་གནས་མཆོག ཀེ་ལ་ཤ་ཡི་ཡོངས་སུ་བསྐོར་བའི་ཞིང་ཁམས་སོགས་བསྔགས་བརྗོད་ཀྱི་མེ་ཏོག་ཐོར་བ་མིང་དོན་མཚུངས་པ་མང་དག་ཡོད་པ་སྟེ། དེ་ཡང་གྲགས་ཅན་གངས་རི་དེ་དག་གི་བྱུང་བ་བརྗོད་རྒྱུ་དང་། གངས་རི་དང་འགྲོ་བ་མིའི་བར་གྱི་འབྲེལ་བ། གངས་རི་དེ་དག་སྲུང་སྐྱོབ་བྱ་རྒྱུ་བཅས་རགས་ཙམ་གླེང་རྒྱུ་ནི་དགོས་གལ་ཤིན་ཏུ་ཆེའོ་སྙམ། གངས་རི་དང་འགྲོ་བ་མིའི་བར་གྱི་འབྲེལ་བ་དང་། དུས་རྒྱུན་གངས་ལྗོངས་ཅེས་འབོད་པ་ལས་ཡང་སྙིང་དེ་ཡི་རྒྱུ་མཚན་དང་། རྟེན་ཅིང་འབྲེལ་བ། གངས་རི་འདི་དག་གིས་སའི་གོ་ལ་རྩིས་བྱུར་ཕན་ནུས་གང་ཞིག་ཐོན་གྱི་ཡོད་མེད་དང་། ཁོར་ཡུག་སྲུང་སྐྱོབ་བྱ་རྒྱུ་ནི་ཁ་ཚ་དགོས་གཏུག་གི་དོན་ཆེན་ཞིག་ཡིན་པའི་ཚོར་སྣང་ག་ལ་ཡོད། དེ་ལས་བཟློག་ཏེ་ཁོར་ཡུག་སེམས་ཅན་ཀུན་ལ་གནོད་པའི་བྱ་སྤྱོད་སྣ་ཚོགས་སྤེལ་གྱི་ཡོད། ད་ལྟ་འཛམ་གླིང་གི་སའི་གོ་ལ་རྩིས་པོར་ཚ་ནུས་ཆེ་བའི་ཉེན་ཁ་ཆེས་ཆེར་འགྲོ་བཞིན་ཡོད་པ་མ་ཟད། རང་བྱུང་ཁམས་ཀྱི་གནོད་འཚེ་འདྲ་མིན་སྣ་ཚོགས་ཐོན་བཞིན་ཡོད། དེ་དག་མང་ཆེ་བ་ནི་མི་རང་ཉིད་ཀྱིས་བཟོས་པའི་རྒྱུ་འབྲས་ཁོ་ན་ཡིན། རང་རེ་བོད་ལྗོངས་ལ་མཆོན་ན་འང་དབྱར་མི་བཞུར་བའི་གངས་རི་མཐོན་པོ་གནམ་གྱི་ཀ་བ་ལྟ་བུ་མང་དག་ཞིག་ད་ལྟ་ཁ་བ་བཞུར་བཞིན་ཡོད་པ་མཐོང་ན་ཡང་སེམས་ལ་བཟོད་གླགས་མེད་པར་གྱུར།

རང་ཅག་བོད་ལྗོངས་ནི་འཛམ་གླིང་དབུ་རྩེར་གནས་པའི་གནས་མཆོག་ཁྱད་དུ་འཕགས་པ་ཞིག་ཡིན་པ་སྨོས་མི་དགོས་པར། རི་མཐོ་ས་གཙང་། ནམ་མཁའ་ནི་སྔོ། སྤྲིན་ནི་དཀར། ས་སེར་ནི་ནོར་གྱིས་ཕྱུག ཆུ་བོ་ནི་སྔོ་ཞིང་དྭངས། ཉི་མ་ནི་དམར་ཞིང་བཀྲག་མདངས་ཆེ། མཚན་མོ་ནི་ཟླ་འོད་དང

སྐར་ཚོགས་རྣམ་པར་བཀྲ། རི་རྒྱལ་ལྷུན་པོ་ཇོ་མོ་ གླང་མ་ནི་ངེད་ཚོའི་དབུ་འཕང་ལྟ་བུར་འཛོམ་གླིང་ཡང་རྩེར་བརྗིད་ཆགས་འགྲིང་ངེར་གནས་ཡོད། གངས་རི་ནི་བོད་རིགས་མི་དམངས་ཀྱིས་གནས་རི་རྩ་ཆེན་དུ་བརྩི་བ་དང་། རང་རྟགས་མཚོན་པའི་དཔང་པོ། འཚོ་སྡོད་བྱེད་ཐུབ་པའི་བླ་སྲོག་ལྟ་བུར་བརྩི་ཡི་ཡོད། རི་བོ་གངས་དཀར་ཏི་སེའི་མཐའ་འཁོར་གྱི་ཤར་རྟ་མཆོག་ཁ་འབབ་དང་། ལྷོ་རྨ་བྱ་ཁ་འབབ། ནུབ་གླང་ཆེན་ཁ་འབབ། བྱང་སེངྒེ་ཁ་འབབ་བཅས་ནས་འབབ་པའི་ཆུ་བོ་ནི་འཛམ་གླིང་ཤར་ཕྱོགས་ཀྱི་རྩ་བའི་ཆུ་འགོ་ཡིན་པ་དེ་དག་གི་རྒྱུན་ལས་ཆུ་བོ་ཡར་ཀླུང་གཙང་པོས་གཙོས་ཡན་ལག་བརྒྱད་ལྡན་གྱི་ཆུ་བོ་དེ་དག་ནི་ངེད་ཚོའི་ཟུངས་ཁྲག་ལྟ་བུ་ཡིན། ནོར་གྱིས་ཕྱུག་པའི་བོད་ལྗོངས་ས་མཐོ་ནི་ངེད་ཚོའི་གཟུགས་བརྙན་ལྟ་བུ་ཡིན་ནོ། གངས་རི་འདི་དག་གིས་སའི་གོ་ལ་ཁྱིལ་པོར་གནམ་གཤིས་དྲོ་གྲང་སྙོམས་བྱེད་ཀྱི་ནུས་པ་བརྗོད་ཀྱིས་མི་ལངས་པ་ཐོན་གྱི་ཡོད་པ་དང་། གལ་སྲིད་འཛམ་གླིང་ན་གངས་རི་མེད་ན་མེ་ཕུང་ནང་ལྷུང་བ་ལྟ་བུ་ཡིན་པ་སྨོས་ཅི་དགོས། དེར་བརྟེན་གངས་རི་ནི་ནོར་བུ་དགོས་འདོད་ཀུན་འབྱུང་དང་འདྲ་བས། དེ་ལ་མིག་འབྲས་ལྟ་བུའི་སྲུང་སྐྱོབ་བྱ་རྒྱུ་ནི་གོང་འོག་ཚང་མའི་འོས་འགན་ཡིན། གངས་རི་འདི་དག་གི་དྲིན་ལས། རི་ཀླུང་ཐོ་ལྗང་ལྡན་པ། ཞིང་འབྲོག་པར་རྫ་ཆུ་དང་། ཞིང་ཆུ། མི་ཟློག་སེམས་ཅན་ཡོད་དོ་ཅོག་གི་འཐུང་ཆུ། མི་ཟློག་སེམས་ཅན་ཡོད་དོ་ཅོག་གི་ཚེ་སྲོག་དང་ལུས་ཁམས་བདེ་ཐང་སོགས་ཚང་མར་མེད་དུ་མི་རུང་བའི་ནུས་པ་ཐོན་གྱི་ཡོད། རྒྱལ་ཁབ་ཕྱི་ནང་གི་མི་འགས་བོད་སྐོར་གླེང་སྐབས། བོད་གངས་ཅན་ཅེས་པ་དེ་ནི་བོད་མི་རྣམས་གངས་ཁོ་ནའི་ཁྲོད་དུ་འཚོ་སྡོད་བྱེད་ཀྱི་ཡོད་པའི་ཚོར་སྣང་དང་། ས་མཐོ་པོ་དང་གནམ་གཤིས་གྲང་མོ་ཁོ་ནར་ངོས་འཛིན་གནང་བ་ལས། ཕྱོགས་ཡོངས་ནས་བོད་ཀྱི་གནས་ཚུལ་རྒྱུས་མངའ་མེད། བོད་ལྗོངས་ནི་ས་ཁྱོན་རྒྱ་ཆེ་ཞིང་ཐོན་ཁུངས་ཕུན་སུམ་ཚོགས་པ་ཡོད་པ་སྟེ། ངག་རྒྱུན་དུ་སྟོད་མངའ་རིས་སྐོར་གསུམ་དང་། （སྤུ་ཧྲེང་། མང་ཡུལ། ཟངས་དཀར་གསུམ་སྐོར་གཅིག ལི། བྲུ་ཤ སྦལ་ཏི་གསུམ་སྐོར་གཅིག ཞང་ཞུང་། ཁྲི་སེ་སྟོད། ཁྲི་སེ་སྨད་གསུམ་སྐོར་གཅིག） སྨད་མདོ་ཁམས་སྒང་དྲུག （ཟལ་མོ་སྒང་། ཚ་བ་སྒང་། སྨར་ཁམས་སྒང་། སྤོ་འབོར་སྒང་། དམར་རྫ་སྒང་། མི་ཉག་རབ་སྒང་） བར་དབུས་གཙང་རུ་བཞི།

（གཡས་ཪུ། གཡོན་ཪུ། དབུས་ཪུ། གུང་ཪུ།）ཡང་ན་བར་དབུས་གཙང་དྭགས་ཀོང་སྟོད་སྨད། བྱང་འབྲོག་པ་དང་རོང་པ་སོགས་ཁག་མང་པོ་ཡོད། བོད་ཀྱི་ཤར་ལྷོ་ནུབ་བྱང་ཚང་མར་འཛམ་གླིང་ན་སྐད་གྲགས་ཆེ་བའི་གངས་རི་མཐོ་པོ་གནམ་གྱི་ཀ་བ་ལྟ་བུས་བསྐོར་ནས་ཡོད་པས་གངས་ལྗོངས་ཅེས་མིང་འདོགས། བོད་ཀྱི་བྱང་རྒྱུད་དང་། སྟོད་མངའ་རིས་སོགས་ལ་མཐའ་ཡས་ཀྱི་རྩ་ཐང་། བོད་ཀྱི་ཤར་ལྷོ་སོགས་ལ་བསྐལ་པ་ཡ་ཐོག་གི་ནགས་ཚལ་ཡོད་པ། གནམ་གཤིས་གྲང་ས་ཡོད་ལ་དྲོ་ས་ཡང་ཡོད། ཐ་ན་ཚ་བ་ཡོད་པའི་ས་ཁུལ་ཡང་ཡོད་པས། མིག་ཚད་གཅིག་ལ་འཛིན་ནས་བོད་སྐོར་བརྗོད་པར་དཀའོ། ད་དུང་ཕྱི་གླིང་པ་འགས་འཛམ་གླིང་རྩེ་མོར་ཆང་རྩེད་གྲོ་ལོ་བརྒྱབ་ཆེ་གཡང་ལ་ལྷུང་གི་མ་རེད་དམ་སོགས་བཞད་གད་སློང་བའི་བཀའ་མོལ་ཡང་འདུག

མི་དང་གངས་རིའི་བར་གྱི་འབྲེལ་བ་འདི་ལྟར། མཁས་དབང་དགེ་འདུན་ཆོས་འཕེལ་མཆོག་གིས་གངས་ཅན་ཞེས་བྱ་བ་ནི་ཁ་བ་རི་པ་བོ་ན་ལ་མི་བྱེད་ཅིང་། རྒྱ་གར་བྱང་ཕྱོགས་ཀྱི་རི་རྒྱུད་དང་། གངས་རི་དང་། ནགས་རི། སྤང་རི་སོགས་པ་རི་སྟོང་ཕྲག་དུ་མ་ཚོགས་པའི་སྤྱི་མིང་དུ་གྲགས་པ་ཡིན་ཏེ། དཔེར་ན་མདོ་དྲན་པ་ཉེར་བཞག་ལས། དེ་འདས་པ་ན་རིའི་རྒྱལ་པོ་གངས་ཅན་ཞེས་བྱ་བ། རྩེ་མོ་སྟ་ཚོགས་པ། དཔག་ཚད་སྟོང་དུ་གྱུར་པ་ཤུག་པ་དང་། སྣ་ལ་དང་། ཏ་ལ་སོགས་པའི་ནགས་ཀྱིས་མཛེས་པ་ཞེས་གངས་ཅན་རི་ལ་ནགས་ཚལ་ཡོད་པ་གསལ་བར་བྱུང་ཞིང་ཞེས་གསུངས། གང་ལྟར་གངས་ཅན་རི་ལ་ཁ་བ་བོ་ན་མིན་པར་ནགས་ཚལ་དང་། གངས་རི། སྤང་རི། བྲག་རི། སྨན་སྣ་སོགས་ཡོད་པས་སྨན་ལྗོངས་དང་། མེ་ཏོག་དང་། གཅན་ཟན་རི་དྭགས་སྣ་ཚོགས་དང་། ནོར་ལུག་སོགས་ཡོད་པ་གསལ་པོར་མངོན་ནོ། །

བོད་མིས་གངས་རི་ནི་རང་གི་མཚོན་རྟགས་དང་། གནས་རིར་བརྩི་བ་དང་། གངས་རི་གཙོ་ཆེ་བ་ཚང་མར་ཕྱག་དང་མཆོད་འབུལ་སྐོར་བ་རྒྱག་པ་སོགས་བྱེད་པ་མ་ཟད། གངས་རི་ཚང་མར་སྔན་འཛེབས་ལྡན་པའི་ལོ་རྒྱུས་དང་། གཏམ་རྒྱུད་མང་པོ་ཞིག་དམངས་ཁྲོད་དུ་བརྗོད་སྲོལ་ཡོད་པ་དེ་དག་རེ་གཉིས་ཙམ་གྱི་བྱུང་བ་བརྗོད་ན་འདི་ལྟར།

རི་བོ་ཏི་སེ་ལ་ཡའི་རི་རྒྱུད་ནི་འཛམ་གླིང་ཐོག་མཐོ་ཤོས་དང་རི་རྒྱུད་རིང་ཤོས་ཡིན། བོད་ཀྱི་ནུབ་ཕྱོགས་སྟོད་མངའ་རིས་ཀྱི་སྟོད་མཚམས་པ་ཀི་སི་ཐན་གྱི་བྱང་མཐའ་ནས། རྒྱ་གར་དང་། བལ་ཡུལ། འབྲུག་ཡུལ་བཅས་ཀྱི་ཉེ་འདབས་བར་བརྒྱངས་པའི་རིང་ཚད་སྤྱི་ལེ་ཉིས་སྟོང་བཞི་བརྒྱ་ལྔ་བཅུ་ལྷག་ཙམ་དང་། ཞེང་ཚད་སྤྱི་ལེ་ཉིས་བརྒྱ་ནས་སུམ་བརྒྱ་ལྔ་བཅུའི་བར་ཟིན་གྱི་ཡོད། རི་རྒྱུད་དེ་ནི་བོད་ཀྱི་ལྷོ་ངོས་ཤར་ནུབ་གཉིས་ཀྱི་བར་ཆོས་གསུམ་ཟླ་བའི་དབྱིབས་བཞིན་སྣེ་གཉིས་ནང་དུ་གུག་ཅིང་དཀྱིལ་རྒྱུད་ལྷོ་ཕྱོགས་སུ་འབུར་བ། བརྗིད་ཆགས་ཡིད་འོང་ལྡན་ཞིང་ཆ་སྙོམས་མཐོ་ཚད་རྒྱ་མཚོའི་ངོས་ལས་སྨིད་བདུན་སྟོང་ཡན་ཡོད་པའི་གངས་རི་མཐོན་པོ་ལྔ་བཅུ་ལྷག་ཙམ་ཡོད་པ་དང་། རྒྱ་མཚོའི་ངོས་ལས་མཐོ་ཚད་སྨིད་བརྒྱད་སྟོང་བརྒལ་བའི་གངས་རི་མཐོན་པོ་བཅུ་ཡོད། དེ་ཡང་ཞིང་ཆེན་གཞན་ན་ཡོད་པའི་བོད་རིགས་ས་ཁུལ་ཚུད་མེད། ཡང་མཁས་དབང་དགེ་འདུན་ཆོས་འཕེལ་མཆོག་གིས། ནུབ་ཨུ་རྒྱན་ཡུལ་ནས་ཤར་ཀོང་ཡུལ་དང་། དར་རྗེ་མདོ་ལ་ཐུག་པའི་བར་གངས་ཅན་རི་རྒྱུད་གཅིག་གི་ཁོངས་ལ་ཡོད་པར་བྱ་དགོས་ཤིང་ཞེས་གསུངས། རི་རྒྱུད་གཅིག་ལ་རི་ཆེན་གནམ་གྱི་ཀ་བ་ལྟ་བུ་འདི་ལྟར་ཡོད་པ་དང་། ལྷག་པར་གསེར་དངུལ་ཟངས་ལྕགས་སོགས་ཀྱི་ནོར་བུའི་བང་མཛོད་འདི་འདྲ་བ་ཡོད་པ་ནི་འཛམ་གླིང་ཡུལ་གྲུ་གཞན་ལ་ཤིན་ཏུ་དཀོན་པ་ཡིན་ནོ། །

ཇོ་མོ་གླང་མ།

འཛམ་གླིང་ཐོག་གི་རི་བོ་མཐོ་ཤོས་གངས་མཐོན་མཐིང་རྒྱལ་མོའམ་ཇོ་མོ་གླང་མ། ཇོ་མོ་གངས་དཀར། ཇོ་མོ་གངས་ཅན་རི། ལྷ་སྨན་བཀྲ་ཤིས་ཚེ་རིང་མ། ཇོ་མོ་ལྷ་སྨན་བཅས་ཀྱི་མཚན་བཟང་ཡོད། ཇོ་མོ་ཞེས་པ་དེ་ཡི་གོ་དོན་ནི་བུད་མེད་ཀྱི་ཞེ་སའམ་རྗེ་རིགས་མའི་དོན་ཡིན། ཇོ་མོ་གླང་མའི་མིང་གི་སྐོར་ལ་དོགས་གནད་ཡོད་པ་མཁས་དབང་དུང་དཀར་རིན་པོ་ཆེས། ཇོ་མོ་ལྷ་ལྦ་ཞེས་འབོད་པའི་སྒྲ་དེ་ཟུར་ཆག་ནས་ཇོ་མོ་གླང་མར་འགྱུར་བ་མིན་ནམ་སྙམ། ཇོ་མོ་གླང་མ་ཞེས་འབོད་པའི་རྒྱུ་མཚན་གཞན་མ་རྙེད་པས་དཔྱད་པར་ཞུ་ཞེས་ཁེངས་སྐྱུང་གིས་གསུངས་འདུག་ཁོ་བོས་སློབ་དཔོན་དུང་དཀར་རིན་པོ་ཆེའི་བཀའ་ལྟར་ཞིབ་འཇུག་དང་ལོ་རྒྱུས་དེབ་ཐེར་མང་པོར་བཙལ་འཚོལ་བྱས་པས།   མཐར་རྗེ་བཙུན་མི་ལ་རས་པའི་རྣམ་མགུར་ནང་ནས་རྗེ་བཙུན་ཉིད་ཇོ་མོ་ལྷ་སྨན་གྱི་གཡས་ཟུར་དུ་སྒོམ་སྒྲུབ་གནང་ནས་ཡུན་རིང་བཞུགས་སྐྱོང་ཡོད་པ་དང་། ལྷ་མོ་ཚེ་རིང་མཆེད་ལྔ་དམ་ལ་བཏགས་ཏེ་རྡོ་རྗེའི་མགུར་དྲུག་ཅེས་པའི་གསུང་མགུར་གྱི་ཆོས་གསུངས་པ་སོགས་ཀྱི་ལོ་རྒྱུས་མང་པོ་ཡོད་ཙང་། ཇོ་མོ་གླང་

མ་ཞེས་པའི་ཡིག་འབྲུ་མཐོང་རྒྱུ་མེད། དོན་དངོས་ཇོ་མོ་གླང་མ་ཟེར་བ་དེ་ཇོ་མོ་ལྷ་སྨན་ཟེར་བ་གསལ་པོ་འདུག་ལ་དོན་དང་ཡང་ཡོངས་སུ་མཚུངས། རྣམ་མགུར་ནང་དེ་ལྟར་ཇོ་མོ་ལྷ་སྨན་བཀྲ་ཤིས་ཚེ་རིང་མའི་གཡས་ཟུར། གངས་ལྷ་གཉན་ཤེལ་གྱི་བསྐོར་བའི་དབུས། འབྲོག་རྨ་གཡང་འབབ་པའི་སྨན་ལུང་། ཆུ་བོ་ལོ་ཧི་ཏ་ཡི་ཀླུང་འགྲམ། གནས་བྱིན་ཅན་གྱིས་བརླབས་པའི་སྨན་ལུང་ཆུ་དབར་གྱི་དབེན་པ་ན་རྗེ་བཙུན་མི་ལ་རས་པ་ཉིད་ཆུ་བོ་རྒྱུན་གྱི་རྣལ་འབྱོར་རྩེ་གཅིག་ཏུ་སྒོམ་ཞིང་བཞུགས་པ་སོགས་འཁོད་ཡོད་པ་དེའི་ཐད་ནས་གླང་མ་མིན་པར་ལྷ་སྨན་ཡིན་པ་གསལ་པོར་མངོན། ལྷ་ནི་ལྷ་མོ་ཚེ་རིང་མཆེད་ལྔ་ཡིན། ལྷ་སྨན་ཞེས་པའི་གོ་དོན་ནི་ཡུལ་དེ་ལ་སྐྱེས་པའམ་གནས་པའི་ལྷ་མོ་ཟེར། སྨན་ལུང་ཞེས་པའི་ཡུལ་ནི་ལྷ་སྨན་བཞུགས་སའི་ཡུལ་ཡིན་པ་གསལ་པོར་མངོན། ཡུལ་དེ་ནི་གངས་རི་ཡིན་པས་གངས་རིའི་མིང་ལའང་ཇོ་མོ་ལྷ་སྨན་ཟེར། བོད་སྐད་ཀྱི་སྒྲ་ཟུར་ཆག་ནས་ལྷ་སྨན་ལ་གླང་མ་ཞེས་ནོར་ནས་འབོད་པ་ཡིན་ནོ། གངས་རི་འདི་གཞིས་རྩེ་ས་གནས་ཁོངས་ཀྱི་དིང་རི་རྫོང་གི་སྒོ་ཕྱོགས་བོད་དང་བལ་ཡུལ་གཉིས་ཀྱི་ས་མཚམས་སུ་གནས་ཡོད། མཐོ་ཚད་རྒྱ་མཚོའི་ངོས་ལས་སྨིད་8848.86ཟིན་གྱི་ཡོད།

སངས་རྒྱས་ཆོས་ལུགས་ཀྱི་བཤད་སྲོལ་དུ་རིའི་རྒྱལ་པོ་གངས་མཐོན་མཐིང་རྒྱལ་མོ་དེ་འཁོར་ལོ་བདེ་མཆོག་གི་ཡུལ་ཉེ་ཤུ་རྩ་བཞིའི་ནང་ཚན་གོ་ཏ་ཝ་རི་ཞེས་བྱ་བ་དེ་ཡིན་བརྗོད་ཀྱི་ཡོད། གངས་རི་འདི་ནི་རི་བོ་ཧི་མ་ལ་ཡའི་རི་རྒྱུད་ཀྱི་རྩེ་མོ་མཐོ་ཤོས་དེ་ཡིན་ཅིང་། ས་སྙིང་འདི་ན་རྩེ་མོ་འདི་ལས་

མཐོ་བ་མེད་དོ།   ལྷུན་སྤུག་གངས་རི་འདིའི་དབྱིབས་ནི་ཤར་ཕྱི་གདུགས་ཉི་མའི་འོག་ཤོད་ན་ལྷ་སྨན་བཀྲ་ཤིས་རྩེ་མོ་མཐོ་བ། ཁྲུག་མགོ་གསེར་གྱི་མགོ་ཏོག་ལ། སྨད་འཇའ་མཚོན་སྣ་ལྔའི་ཆ་ག་བཏབ། བར་གཡའ་སྤང་གཡུ་ཡི་རྫིང་ན་ཕྱུགས་ལ། ན་བུན་སྐྱི་བུན་འཐིབས་པ། བུད་མེད་ལུས་ལ་ངོ་མཚར་ཆེ། ཡང་ན་རྗེ་བཙུན་མི་ལ་རས་པས། ལྷ་སྨན་བཀྲ་ཤིས་ཚེ་རིང་དེ། ཀེད་པ་ཡན་ཆད་རྩེ་མོ་མཐོ། ཐུར་གསུམ་དུང་གི་བཤོས་བཟང་འདྲ། མགུལ་ཆུ་དངུལ་གྱི་འདྲ་བ་ལ། ཉི་འོད་འཆར་བ་གཞན་ལས་སྔ། ཙོད་པན་གསེར་གྱི་ཐུར་ཙུད་ལ། རྒྱན་དུ་སྤྲིན་དཀར་ཕྲེང་བ་ཡིན། ཀེད་པ་མན་ཆད་རྨང་གཞི་ལ། ན་བུན་སྐྱི་བུན་རྒྱུན་དུ་འཐིབས། ཆར་མི་དྲུག་དལ་བུ་རྟག་ཏུ་འབབ། འཇའ་འོད་མཆོད་སྤྲིན་རྟག་ཏུ་འཆར། དེ་ཕྱུགས་ཀྱི་རྨ་གཡང་འཛོམས་པའི་རྟགས། རི་དྭགས་མང་པོ་རྒྱུན་དུ་འཁོར། མེ་ཏོག་སྤང་རྒྱན་ཚོན་ཚོགས་བཀྲ། སྨན་ནུས་པ་ཅན་རྣམས་དེ་ལ་སྐྱེ། ལྷ་སྨན་གངས་ཀྱི་ཆེད་བརྗོད་ཡིན།   མི་ང་ཡི་སྒྲུབ་གནས་ཆེ་ཤོས་ཡིན་ཞེས་གསུངས་སོ། བསྔགས་བརྗོད་འདི་ཡི་ཐད་ནས་གངས་མཐོན་མཐིང་རྒྱལ་མོའམ་ཇོ་མོ་ལྷ་སྨན་བརྗིད་ཆགས་གཟི་འོད་ལྡན་པའི་གཟུགས་བརྙན་དེ་ཉོན་མོངས་མ་འགོས་པད་མ་བཞིན་འཛམ་གླིང་གི་ཡང་རྩེར་གཟིངས་སུ་མཐོན་པའི་ཉམས་འགྱུར་དང་བཅས་པ་ཆུ་ནང་ཟླ་བཞིན་གསལ་པོར་མངོན་ཐུབ། གངས་མཐོན་མཐིང་རྒྱལ་མོའམ་ཇོ་མོ་ལྷ་སྨན་ལ་རྩེ་མོ་ལྔ་ཡོད། དབུས་སུ་གཙོ་མོར་བཞེད་པ་ཇོ་མོ་བཀྲ་ཤིས་ཚེ་རིང་མ་དང་མཐའ་འཁོར་གྱི་རི་རྩེར་མཐོན་མཐིང་ཞལ་བཟང་མ། མི་གཡོ་བློ་བཟང་མ། ཅོད་པན་མགྲིན་བཟང་མ།   གཏད་དཀར་འགྲོ་བཟང་མ་བཅས་ལྔ་ཡོད།   སངས་རྒྱས་ཆོས་ལུགས་ཀྱི་བཞེད་སྲོལ་དུ་ལྷ་བཟང་མོ་ཚེ་རིང་མཆེད་ལྔ་དེ།   བོད་གངས་ཅན་གྱི་བསྟན་མ་བཅུ་གཉིས་ཀྱི་གཙོ་མོ་ཡིན་པ།   ཕྱིར་བོད་ཁམས་དཀར་པོའི་ལམ་ལ་བགེགས་པའི་སྲུང་མ་དང་།   ཇོ་མོ་ཚེ་རིང་མཆེད་ལྔ་ནི་གངས་མཐོན་མཐིང་རྒྱལ་མོའམ་ཇོ་མོ་ལྷ་སྨན་པའི་གནས་བདག་དང་།   སྲུང་མ།   མཁའ་འགྲོ་བཅས་ཡིན་ལ།   འདིར་པོ་བྲང་རྟེན་བཅས་ཡོད་པ་ལོ་རྒྱུས་དེབ་ཐེར་དུ་འཁོད་ཡོད་ལ་དམངས་ཁྲོད་དུའང་སྒྲུང་གཏམ་མང་པོ་ཡོད།   ལྷག་པར་རྣལ་འབྱོར་གྱི་དབང་ཕྱུག་ཆེན་པོ་རྗེ་བཙུན་མི་ལ་རས་པ། ཐར་ཇོ་

ཤར་རྩེ་སྣ་ལྷག་པ་རི། མཐོ་ཚད་རྒྱ་མཚོའི་ངོས་ལས་རྨིད་7018ཟིན་གྱི་ཡོད། དིང་རི་རྫོང་ཁོངས་སུ་གནས་ཡོད། མོ་ལྷ་སྨན་གྱི་འདབ་རོལ་དུ་སྨན་ལུང་ཆུ་དབར་གྱི་དབེན་པ་ལ། ཆུ་བོ་རྒྱུན་གྱི་རྣལ་འབྱོར་རྩེ་གཅིག་ཏུ་བསྒོམས་ནས་བཞུགས་སྐབས། ཇོ་མོ་ཚེ་རིང་མཆེད་ལྔ་དང་། ཕན་ཚུན་ཞུ་ལན་གནང་བ་སོགས་ལོ་རྒྱུས་དེབ་ཐེར་མང་པོར་འཁོད་ཡོད་པ་རགས་ཙམ་གླེང་ན་འདི་ལྟར། ཡུལ་ཡ་མཚན་ཆེ་བ་བལ་བོད་གཉིས་ཀྱི་ས་མཚམས་ན། གངས་མཐོན་མཐིང་རྒྱལ་མོ་ན་བུན་འཐིབས་པའི་གཡས་མགུལ། སྤྲིན་ཨ་བ་གསེར་མདོག་ཐིང་བའི་འོག ཐིང་མདོ་ཤོད་ཤེལ་གྱི་ར་བས་བསྐོར་བའི་དབུས། དངོས་སྒྲུབ་ཀྱི་ཆུ་བོ་ཏ་ཏན་གྱི་ཀླུང་འགྲམ་གནས་བྱིན་གྱིས་རླབས་པ་སྨན་ལུང་། ཆུ་དབར་གྱི་ཕོ་བྲང་ན། རྗེ་མི་ལ་རས་པ་ཞེས་མཚན་ཡོངས་སུ་གྲགས་པ་བཀའ་གསང་བ་བླ་ན་མེད་པ། ཐེག་མཆོག་དོན་ལ་ཐུགས་ཀྱི་སྒྲ་བ་ཕྱོགས་མེད་དུ་ཤར་བ། ཚད་མེད་པའི་བྱང་ཆུབ་ཀྱི་སེམས་ནང་ཐུགས་ཡོངས་སུ་སྦྱངས་པའི་ངང་ལ་བཞུགས་སྐབས། དོན་ཆེན་པོ་བཅོ་བརྒྱད་ཀྱིས་གཙོས་སྲིད་པའི་ལྷ་འདྲེས། ལྟས་དང་ཆོ་འཕྲུལ་སྣ་ཚོགས་བསྟན་ནས་དེ་རྣམས་ཀྱི་ནང་ནས་ཀྱང་ཤིན་ཏུ་འཇིགས་པའི་ཤ་ཟ་མ་ལྷ་ཡིས་མི་ཐུབ་པའི་གཟུགས་སྣ་ཚོགས་སྟོན་ཅིང་། བར་ཆད་གདོན་འགེགས་ཀྱི་གཡུལ་གཤམ་ནས་འོངས། གེང་རུས་བཞེད་པའི་

བྱང་རྩེ་མཐོ་ཚད་རྒྱ་མཚོའི་ངོས་ལས་རྨིད་7541ཟིན་གྱི་ཡོད། དིང་རི་རྫོང་ཁོངས་སུ་གནས་ཡོད།

ལྷོ་རྩེ་ཞེས་པའི་གངས་རི་དེ་ཡི་མཐོ་ཚད་རྒྱ་མཚོའི་ངོས་ལས་རྨིད་8516ཟིན་གྱི་ཡོད། འཛམ་གླིང་གི་གངས་རི་ཨང་བཞི་པ་ཡིན། དིང་རི་རྫོང་ཁོངས་སུ་གནས་ཡོད།

བྱུད་མེད་ཅིག་རི་རབ་པང་དུ་འདེགས་པ་མཐོང་།   དམར་ཁྲག་འཇར་ལྟེ་སྤྱང་གདོང་རྒྱ་མཚོ་དུབ་ཀྱི་འདེབས་པ་མཐོང་། སོལ་བའི་བུད་མེད་གད་རྒྱངས་ཅན། གཟའ་སྐར་ཐང་ལ་འདེབས་པ་མཐོང་། ཤིན་ཏུ་སྡིག་པ་ལྷ་མོའི་གཟུགས། བལྟ་བས་མི་ངོམས་བུད་མེད་ཅིག   མཛུམ་ཞིང་བསླུ་བྲིད་བྱེད་པ་མཐོང་། བུད་མེད་འདི་ལྷ་ནི་ཇོ་མོ་ཚེ་རིང་མཆེད་ལྔ་ཡིན་ནོ། རྗེ་བཙུན་ནི་སྔར་བཞིན་གཡོ་བ་མེད་པར། བར་གཅོད་སྲུང་མའི་ཆོས་སྐྱོང་རྣམས་རྒྱལ་ཧེན་དམག་ཏུ་སྦྲན། བར་ཆད་གདོན་འགེགས་ཀྱི་གཡུལ་ངོ་བཟློག གསུང་ངག་བདེན་པའི་ཆོས་མང་དུ་གསུངས། ལྷས་ངན་ཚེ་འཕྲུལ་གྱི་རྣམ་པ་རྣམས་བཏུལ་ནས། ཞི་བ་ཆེན་པོའི་ངང་ལ་གནས་པར་གྱུར། ཆུ་མོ་འབྲུལ་གྱི་ལོ་དབྱར་ཟླ་ར་བའི་ཆོས་བཅུ་གཅིག་གི་ནུབ་མོ་མཚར་སྡུག་འོད་དུ་ཆགས་པའི་བུད་མེད་བཟང་མོ་ལྔ་ཞབས་དྲུང་དུ་འོང་ནས་པ་མེན་གྱི་ནོ་ཡིན་ཟེར་བ་སྨུ་མེན་གྱི་སྐྱོག་གང་ཕྱག་ཏུ་ཕུལ་ནས་སེམས་བསྐྱེད་ཞུ་བར་མཆིས་པས།   རྗེ་བཙུན་གྱི་དགོངས་པར། བ་མེན་རྐོད་ཀྱི་ནོ་སྔར་མཐོང་མ་མྱོང་བ་ཡ་མཚན་གྱི་ཟས།   ཁྱད་པར་སེམས་བསྐྱེད་ཞུ་བ་འབུལ་སྐད།   ཁྱེད་དཀར་ཕྱོགས་ཀྱི་མི་མ་ཡིན། བསྟན་པ་ལ་རབ་དགའ་དད་པ་ཅན། སྔོན་སྦྱངས་བག་ཆགས་པར་ངེས། མི་ང་ཡང་སྤྲོ་བ་སྐྱེད།   མི་ངས་ཀྱང་མ་ཤེས་དྲི་བ་ཡོད།   ཁྱེད་ད་ནངས་འོངས་པ་ག་ནས་འོངས། ད་ནུབ་འགྲོ་བ་གང་དུ་འགྲོ། ཕོ་བྲང་ཧེན་ས་གང་ན་ཡོད། རིགས་སམ་སྡེ་ཚན་

གང་དུ་གཏོགས། དབང་སྒྱུར་ལས་ནི་ཅི་དང་ཅི། དངོས་གྲུབ་ཇི་ལྟར་སྟེར་ནུས་སོགས་ཀྱི་གཏམ་གླེང་མང་དུ་བྱས། ཇོ་མོ་ཚེ་རིང་མཆེད་ལྔས། ངེད་ཀྱི་ཕོ་བྲང་ནི། ཞིང་ཤོད་འདི་ཡི་གཡས་ལོགས་ན། གངས་ཟུར་གསུམ་དཀྱུང་དུ་རྩེ་མོ་མཐོ་བ། ཚོད་པན་ཤེལ་གྱི་ཟུར་ཕུད་ལ། འོད་གསལ་ཉི་ཟླ་ཏ་ལེར་འཆར་བ། མགུར་ཆུ་བུམ་པ་ཡན་ཆད་ལ། སྤྲིན་དཀར་ཞིང་གི་མགོ་ཐོག་མཛོས། སྐེད་པ་མན་ཆད་རྨང་གཞི་ལ། ནབུན་སྐྱི་བུན་འཐིབས་པ་དེ། གངས་མཐོན་མཐིང་རྒྱལ་མོ་ཞེས་སུ་གྲགས། དེ་རིང་དྲུངས་དུ་ལྷགས་པ་ཡང་། མི་མཆོག་སྐྱོབ་པ་ཁྱེད་ཉིད་ཀྱི། ཞལ་ནས་འབབ་པའི་བདུད་རྩིའི་ཆར། གཏུང་བས་སྐོམ་ཞིང་གདུགས་ལགས་ན། དག་པ་བདུད་རྩིའི་ཆུ་རྒྱུན་གྱིས། གདུང་བ་གསོལ་ཅིག་སྐྱེས་བུ་མཆོག ཐུགས་རྗེའི་བསིལ་བའི་སྤྲིན་ཕུང་ལས། བྱིན་རླབས་བདུད་རྩིའི་ཆར་འབབ་སྟེ། གདུལ་དཀའ་ཉོན་མོངས་ཐ་བའི་རྒྱུན། རབ་ཏུ་ཆོམ་ཞིང་བརླན་གྱུར་ནས། བླ་མེད་ཐེག་པ་མཆོག་གི་སེམས། རིན་ཆེན་མྱུ་གུ་སྐྱེད་དུ་གསོལ་ཅེས། ཞུ་བ་ནན་གྱིས་ཕྱག་དང་གསོལ་བ་འདེབས་པ་ན། རྗེ་བཙུན་གྱིས་ཀྱང་གསུང་བདེན་པའི་ཆོས་འཁྲུང་སྒྲོལ་བར་དོ་སོགས་མང་དུ་གསུངས་པས། ཏྭ་ཀི་མ་ལྔ་ཡང་ཤིན་ཏུ་དད་པར་གྱུར། ལྷག་པར་གཙོ་མོ་བཀྲིས་ཚེ་རིང་མ་ཐབས་ལམ་ཟབ་མོ་དོན་གྱི་ཪྗོད་ལ་ཤིན་ཏུ་དད་པར་གྱུར་ནས་ཁོ་མོ་

ནུབ་རྩེ་གངས་རི། མཐོ་ཚད་རྒྱ་མཚོའི་ངོས་ལས་རྨིད་6571ཟིན་གྱི་ཡོད། དིང་རི་རྫོང་ཁོངས་སུ་གནས་ཡོད།

ཅག་སྔར་གྱི་ལས་ལ་གནོངས་ཞིང་འགྱོད་པར་གྱུར་ཏེ། ཕྱིན་ཆད་དཀར་ཕྱོགས་སྲུང་བ་དང་། ལྟས་ངན་ཚེ་འཕྲུལ་གྱི་གནོད་ཅིང་འཚེ་བ་མི་བྱེད་པ། ཐུན་མོང་ལམ་གྱི་མཐུན་རྐྱེན་བསྒྲུབ་པར་བྱ་ཀྱི། དམ་བཅའ་ཁས་ལེན་བྱས་སོ། རྗེ་བཙུན་གྱིས་བཀའ་བསྒོས་གནང་ནས། འཇིག་རྟེན་སེམས་སྐྱེད་ཀྱི་ཡོན་ཟང་ཟིང་གི་དངོས་པོ་མི་དགོས་པས། འཇིག་རྟེན་གྱི་དངོས་གྲུབ་རེ་རེ་ཕུལ་ལ། སོ་སོ་རང་རང་གི་མིང་ནས་བརྗོད་ཅིག་གསུངས་པས། འཁོར་མོ་ཅག་ཤིན་ཏུ་སྤྲོ་བཞིན་དུ་རབ་ཏུ་གུས་པ་དང་། ཐལ་མོ་སྦྱར་ཏེ་གདོངས་གསོལ་བ། གཙོ་མོར་འོས་པ་ཇོ་མོ་བཀྲ་ཤིས་ཚེ་རིང་མས། སྲིད་སྲུང་རིགས་རྒྱུད་འཕེལ་བའི་དངོས་གྲུབ་ཕུལ། མཐོན་མཐིང་ཞལ་བཟང་མས་སྔང་སའི་ཕྲའི་དངོས་གྲུབ་ཕུལ། ཅོད་པན་མགྲིན་བཟང་མས། བང་མཛོད་ནོར་གྱི་དངོས་གྲུབ་ཕུལ། མི་གཡོ་བློ་བཟང་མས། ཟ་གཡང་ཟས་ཀྱི་དངོས་གྲུབ་ཕུལ། གཏད་དཀར་འགྲོ་བཟང་མས། ཁང་བཞི་དུད་འགྲོ་འཕེལ་བའི་དངོས་གྲུབ་ཕུལ། དུས་དེ་ནས་བཟུང་ཇོ་མོ་ཚེ་རིང་མཆེད་ལྔས་གཙོས། ཡི་དམ་ལྷ་དང་མཁའ་འགྲོ་སྲུང་མའི་ཚོགས་ཀྱིས། གངས་རི་དཔལ་གྱི་དོ་ཤལ་ཅན་ལྗོངས་འདི་ན་ཆོས་བཞིན་སྐྱོང་བའི་དམ་བཅའ་བྱས་ཤིང་། ལྷག་པར་རྗེ་བཙུན་མི་ལ་རས་པའི་བཀའ་བསྒོས་ལྟར། དམ་ཚིག་སེལ་ཕྲ་མོའང་མ་བཞུགས་པ། ཉིན་མོར་བྱེད་པ་སྒྲིན་དང་ཐལ་བ་ལྟ་བུའི་ངོ་མཚར་སྐྱེས་ཏེ། ཇོ་མོ་ལྷ་སྨན་གྱི་དགུང་ན་སྤྲིན་ཨ་བ་ལོང་ལོང་སྐོར་བ་བྱེད་པ་དང་། རི་རྩེར་འཆར་ཀའི་དྲ་འོད་ཆེམ་ཆེམ་འཕྲོ་བ། བར་ན་ན་བུན་དང་སྐྱི་བུན་དྲི་མེད་དར་དཀར་ལྟ་བུ་ལྷབ་ལྷུབ་གཡོ་བ། སྨད་གཡའ་དང་སྤང་ལ་མེ་ཏོག་ཨུཏྤལ་སོགས་བཀྲ་བ། ཆུ་བོ་ལོ་ཏ་ཏན་གྱི་གླུང་འགྲམ་ཐམས་ཅད་ལོ་འབྲས་ཕུན་སུམ་ཚོགས་ཤིང་། འགྲོ་ཀུན་རབ་ཏུ་ཚིམ་པར་གྱུར་ཏོ། །

ལྷུན་སྡུག་གངས་རི་འདི་དག་གི ། རྩེ་མོ་དགུང་སྔོན་སྟེང་ལ་རེག །

རྩ་བ་ས་གཞི་ཀུན་ལ་ཁྱབ། ། འོད་ཀྱི་ནམ་མཁའ་ཡོངས་ལ་ཁེངས། །

འབྲས་བཟང་མེ་ཏོག་རྣམ་པར་བཀྲ། ། འགྲོ་དྲུག་སེམས་ཅན་ཚིམ་པར་གྱུར། །

གྲུང་གོའི་རི་འཛོམ་ཙ་ཁག་གིས་བོད་རབ་བྱུང་བཅུ་དྲུག་ལྕགས་བྱི 1960ལོའི་ཟླ 5པའི་ཚེས 25ཉིན་དང་། ཤིང་ཡོས 1975ལོའི་ཟླ 5པའི་ཚེས 25ཉིན་སོ་སོར་བྱང་ངོས་ནས་རི་བོ་དེའི་རྩེ་མོར་འཛེགས་ཐུབ།

རི་བོ་གངས་ཏི་སེ།

སྟོད་མངའ་རིས་ཕྱོགས་སུ་ཕྱི་ནང་ཚང་མས་རྒྱ་ཆེན་ལ་བརྗི་བའི་རི་བོ་གངས་དཀར་ཏི་སེ་འདི་སངས་རྒྱས་ཆོས་ལུགས་ཀྱི་བཞེད་སྲོལ་དུ་སངས་རྒྱས་བཅོམ་ལྡན་འདས་ཀྱིས་ལུང་བསྟན་གནང་བ་དང་«མངོན་པ་མཛོད»ནས་གསུངས་པའི་གངས་ཏི་སེ་ཡིན་ཞེས་པ་དེ་ཡིན། གངས་རི་འདི་བོད་ལྗོངས་ཀྱི་སྟོད་མངའ་རིས་ས་ཁུལ་སྤུ་ཧྲེང་རྫོང་ཁོངས་སུ་གནས་ཡོད། གངས་རི་འདིའི་དབྱིབས་ནི་རང་བྱུང་ཤེལ་གྱི་མཆོད་རྟེན་ལྟ་བུ་ཡོད་པ་དང་། མཐོ་ཚད་རྒྱ་མཚོའི་ངོས་ལས་སྨིད་ལྔ་སྟོང་བདུན་

བརྒྱ་ཉི་ཤུ་རྩ་གསུམ་དང་། གངས་རིའི་སྐོར་བ་ཆ་ཚང་ལ་སྤྱི་ལེ་ལྔ་བཅུ་ང་གཉིས་ཡོད། གངས་ཏི་སེ་ཞེས་པའི་ཐ་སྙད་དེར་སྐད་གཉིས་ཀྱི་གོ་དོན་ལྡན་ཡོད་པས། གངས་ཞེས་བོད་སྐད་ཀྱི་གོ་དོན་ཁ་བ་དང་། ཏི་སེ་ཞེས་ལེགས་སྦྱར་སཾ་སྐྲི་ཏའི་སྐད་ཡིག་ཏེ་བོད་སྐད་ཀྱི་གོ་དོན་ལྟར་ན་བསིལ་བའི་དོན་ཞེས་བརྗོད་པ་ལས་སྤྱིའི་བརྗོད་དོན་ནི་ཕྱི་སྣོད་ས་གཞི་རི་རབ་བཅས་ཆགས་ཚུལ་དང་ནང་བཅུད་ཀྱི་བརྟེན་ལ་ལྷའི་དཀྱིལ་འཁོར་ལ་བྱིན་གྱིས་བརླབས་ཚུལ་སོགས་སོ། གངས་རིའི་རྒྱལ་པོ་ཏི་སེ་ཐོག་མར་མངལ་སྐབས་གང་ཟག་གི་རྒྱུད་ཚོད་མཐོ་དམན་དང་ཀུན་ལ་མཐོང་སྣང་རྣམ་པ་བཞི་བྱུང་སྟེ། དང་པོ་སྐལ་པ་སྨན་པ་རྣམས་ལམ་ལ་མ་ཞུགས་པ་རྣམས་ཀྱི་སྣང་ངོར་གངས་རི་མཐོ་བརྗིད་ནམ་མཁར་བསྙེགས་པ་རྒྱལ་པོ་གདན་ལ་བཞུགས་པ་ལྟ་བུ་ལ། ཤར་དུ་སངས་རྒྱས་ཀྱིས་ལུང་བསྟན་པའི་རི་བོ་སྤོས་ངད་ལྡན། ལྷོར་ལྷ་མོ་དབྱངས་ཅན་མའི་ཕོ་བྲང་སྨན་ནག་སྒྲོལ་གྱི་གངས་རི། ནུབ་ཏུ་འཕགས་མ་སྒྲོལ་མའི་བཞུགས་གནས་རི་བོ་རྩེ་བརྒྱད། བྱང་དུ་ལྷ་བཙན་གྱི་ཕོ་བྲང་ཟ་འོག་གུར་ཆེན་སོགས་རི་ཕྲན་རྣམས་བློན་པོ་འདུད་པའི་ཚུལ་ལྟ་བུ་བཀོད་པས་ཁྱད་པར་འཕགས་པ་ཙམ་ཞིག་ཡོད། གཉིས་པ་ལམ་འཚོལ་བ་ཕྱི་རོལ་མུ་སྟེགས་བྱེད་རྣམས་ཀྱི་ལུགས་ལ་ཕྱི་གངས་རི་ཤེལ་གྱི་མཆོད་རྟེན་ལྟ་བུ་ལ། ནང་ལྷ་ཆེན་མ་ཧཱ་དེ་ཝ་དང་། ལྷ་མོ་ཡབ་ཡུམ་བཞུགས་པའི་ཕོ་བྲང་བཀོད་པ་ཁྱད་དུ་འཕགས་པ་ཙམ་ཞིག་ཡོད། གསུམ་པ་ལམ་ཞུགས་ཐེག་དམན་ཉན་རང་གི་རིགས་ཅན་རྣམས་ཀྱི་ལུགས་ལ་ཕྱིའི་སྣང་ཚུལ་གངས་ཀྱི་རི་བོ་ལ། ནང་གནས་ཚུལ་འཕགས་པའི་གནས་བརྟན་ཆེན་པོ་ཡན་ལག་འབྱུང་ལ་དགྲ་བཅོམ་པ་ལྔ་བརྒྱ་བཅས་པ་ཏིང་ངེ་འཛིན་གྱི་རྣམ་རོལ་ལ་གནས་པ། སྐལ་མཆོག་གསང་སྔགས་རྡོ་རྗེ་ཐེག་པའི་གྲུབ་བརྙེས་སྐྱེ་བོ་རྣམས་ཀྱི་གཟིགས་ངོར་ནི། ཕྱི་རི་བོ་ཐབས་བདེ་མཆོག་གི་རྣམ་པ་ལ། ནང་གཞལ་མེད་ཁང་བཀོད་པ་ཕུན་སུམ་ཚོགས་པའི་དབུས་སུ་འཁོར་ལོ་སྡོམ་པ་ལྷ་དྲུག་བཅུ་རྩ་གཉིས་ཀྱི་ཡེ་ཤེས་དཀྱིལ་འཁོར་མངོན་སུམ་མ་སྒྲིབ་གསལ་ལ་རྫོགས་པར་བཞུགས་པའི་ཚུལ་དབང་ཕྱུག་མི་ཡི་སེང་གེ་རྗེ་བཙུན་མི་ལ་རས་པས་གསུངས་པར་ལྟར་ཤེས་པར་བྱའོ། །

གངས་དཀར་གྱི་རྒྱལ་པོ་གངས་ཏི་སེ་ནི་དཔལ་འཁོར་ལོ་སྡོམ་པའི་ཕོ་བྲང་ཡིན་ཏེ། བཅོམ་ལྡན་

འདས་ཐུབ་པའི་དབང་པོ་དགྲ་བཅོམ་པ་ལྔ་བརྒྱ་དང་བཅས་པ་བྱོན་ནས་གད་པ་གསེར་གྱི་བྱ་སྐྱིབས་ཅན་དུ་མདོ་གསེར་འོད་དམ་པ་དབང་པོས་གསུངས། མཚོ་མ་ཕམ་གྱི་ཤར་ཕྱོགས་སུ་མདོ་ལང་ཀར་གཤེགས་པ་ལས་གསུངས། ཏི་སེའི་ནུབ་ཕྱོགས་ལྷ་ལུང་པའི་ནང་ཀྱང་པོ་རི་སྣང་དུ་མདོ་དཀོན་མཆོག་བརྩེགས་པ་ལས་གསུངས། ཏི་སེ་ཕྱོགས་བཞི་ལ་བཅོམ་ལྡན་འདས་ཀྱི་ཞབས་རྗེས་བཞི། དགྲ་བཅོམ་པ་ལྔ་བརྒྱའི་ཞབས་རྗེས་དང་བཅས་པ་བཞག་པས་ན་གངས་ཏི་སེ་གྲགས་ཆེ་ཟེར་བའི་རྒྱུ་མཚན་དེ་ཡིན་ནོ། །

གངས་རི་དེར་རྒྱ་གར་རིག་བྱེད་སྨྲ་བ་དང་། བོད་ཀྱི་གཡུང་དྲུང་བོན་པོ། དེ་བཞིན་བོད་ཀྱི་ནང་པ་སངས་རྒྱས་ཆོས་ལུགས་ཀྱི་གྲུབ་མཐའ་རིས་མེད་ཚང་མས་ཆེད་དད་སེམས་ཆེན་པོ་ཕྱག་དང་མཆོད་འབུལ་བསྐོར་བ་རྒྱག་གི་ཡོད། རྒྱ་གར་ཨུ་སྟེགས་རིག་བྱེད་སྨྲ་བ་ཚོས་གངས་རིན་པོ་ཆེ་ལྷ་དབང་ཕྱུག་གི་ཞིང་ཁམས་སུ་ངོས་འཛིན་གྱིས་དད་གུས་ཆེན་པོས་སྐོར་བ་རྒྱག་པ་དང་། འགའ་རེ་སྐོར་བ་རྒྱག་སྐབས་འཆི་བ་ཡོང་གི་ཡོད་པས། དེ་ཡང་ཡག་པོར་བརྩི་སྲོལ་འདུག གངས་རིའི་སྐོར་ལམ་དུ་ཟླ་མ་སྐྱེས་ཆེན་དུ་མའི་སྒྲུབ་ཁང་དང་། ངོ་མཚར་ཅན་གྱི་རང་བྱོན་མང་པོ་མཇལ་རྒྱུ་ཡོད་པ་དང་། གནས་བཤད་ཀྱང་ཏ་ཅང་མང་པོ་འདུག ལྷག་པར་དུ་དྭགས་པོ་བཀའ་བརྒྱུད་ཀྱི་རྣལ་འབྱོར་གྱི་དབང་ཕྱུག་ཆེན་པོ་རྗེ་བཙུན་མི་ལ་རས་པ་དང་། ན་རོ་བོན་ཆུང་བྱ་བ་བོན་པོ་འཛིག་རྟེན་ལྷ་འདྲེ་མཐུ་བོ་ཆེ་སྤྲུལ་གནས་ཐུན་མོང་གི་རྫུ་འཕྲུལ་ཐབ་པ་གཉིས་གངས་དཀར་ཏི་སེ་དང་མཚོ་མ་ཕམ་གྱི་གནས་བདག་སུ་ལ་དབང་མེན་སྐོར་ལ་རྩལ་དང་རྫུ་འཕྲུལ་འགྲན་པ་རྗེ་བཙུན་གྱི་གསུང་མགུར་དང་། དམངས་ཁྲོད་ཀྱི་གཏམ་རྒྱུས་མང་པོར་འཁོད་ཡོད་པ་སྟེ། འདིར་རགས་ཙམ་གླེང་ན་འདི་ལྟར། རྗེ་མར་པ་ལོ་ཙྪ་བ་ལ་སློབ་མ་མང་དུ་བྱུང་ཡོད་ཀྱང་མཆོག་ཏུ་གྱུར་པ་རྗེ་བཙུན་མི་ལ་རས་པ་ཡིན། རྗེ་བཙུན་མི་ལས་མར་པ་ལོ་མང་དུ་བསྟེན་རྗེས་གདམས་པ་རྣམས་ཐོབ་ནས་རང་ཡུལ་དུ་ཕེབས་ཁར། མར་པའི་ཞལ་ནས། སྒྲུབ་པ་ནུས་ན་མི་ཚེ་རིང་པོ་ལས་ངན་གསོག་ཆེ་བ་ལས་མེད་པས། མི་མེད་པའི་གནས་གཡའ་ཁྲོད་དང་། གངས་ཁྲོད་རྣམས་སུ་སྒྲུབ་པའི་རྒྱལ་མཚན་ཚུགས་ཤིག་ཅེས་དང་། གངས་ཏི་སེ་སངས་རྒྱས་ཀྱི་ལུང་བསྟན་པའི་རི་བོ་གངས་ཅན་ཡིན་པས་དེ་ལ་སྒོམ་ཤིག་གསུངས་པ་ལྟར་རྗེ་མི་ལས་ཀྱང་གྲུབ་པ་

ཐོབ་ཐེན་ནས་བླ་མའི་བཀའ་བཞིན་ཏི་སེར་ཕེབས་པ་ཐོག་མར་སྤུ་ཧྲང་ནས་ཏི་སེར་ཐོན་པ་ན་ལ་ཐོག་ཏུ་ཏི་སེ་དང་མ་ཕམ་གྱི་གཞི་བདག་འཁོར་བཅས་པས་བསུ་བ་བྱས། ཕྱག་རྒྱལ་མཆོད་པ་ཇོ་མཚར་ཅན་རྒྱ་ཆེ་ཕུལ། གངས་དཀར་ཏི་སེ་དང་མཚོ་མ་ཕམ་རྗེ་བཙུན་སློབ་རྒྱུད་དང་བཅས་པའི་སྒྲུབ་གནས་སུ་ཕུལ། གཞན་ཡང་རྗེ་བཙུན་གྱི་ཆོས་རྒྱུད་འཛིན་པའི་གང་ཟག་རྣམས་སྐྱོང་བར་ཁས་བླངས་སོ། །

མཚོ་ཆུང་ཀ་པ་ལྷ།

ན་རོ་བོན་ཆུང་གིས་རྗེ་བཙུན་གྱི་སྙན་གྲགས་ཐོར་ནས་ཚོར་ནས། ཁོ་པ་ཉིད་མ་དགའ་བར་རྗེ་བཙུན་མི་ལ་རས་པ་མཇལ་སྐབས་གངས་དཀར་ཏི་སེ་དང་མཚོ་མ་ཕམ་འདི་ཁྱེད་རང་དང་འདྲ་སྟེ། རྒྱང་ནས་གྲགས་པ་ཆེ་བ་མ་གཏོགས། དེ་ཙམ་ཡ་མཚན་རྒྱུ་མེད། འདིར་སྡོད་ན་ངའི་ལུགས་ཀྱི་བོན་ཆོས་བྱེད་ཟེར་བས། རྗེ་བཙུན་གྱིས་གངས་དཀར་ཏི་སེ་འདི་སངས་རྒྱས་ཀྱི་བསྟན་འཛིན་སྤྱི་ལ་ཕུལ་

པས་ལུང་བསྟན་པའི་གནས་རི་ཡིན། སྔོས་ང་མི་ལ་རས་པ་ལ་མར་པ་ལོ་ཆེན་གྱིས་ལུང་བསྟན་པ་ཡིན་པས་ཁྱེད་རང་བོན་རྣམས་ སྦར་བསྡད་ལ་རྒྱལ་དུ་ཆུག   ད་འདིར་སྡོད་ན་ངེད་ལུགས་ཀྱི་ཆོས་བྱེད་ན་ཉུང་། མི་བྱེད་ན་གཞན་དུ་སོང་ཤིག་ཅེས་གསུངས།

ན་རོ་བོན་ཆུང་གིས་ཁྱེད་རྣམས་སྐོར་བ་བྱེད་པ་ལེགས། ད་ལན་ངའི་ལུགས་སུ་འགྲོ་ཟེར་ཞེས་རྗེ་བཙུན་གྱི་ཕྱག་ནས་འཛིན་བྱུང་བས། རྗེ་བཙུན་གྱི་ཞལ་ནས་ང་ལོག་པ་ལ་ཞུགས་ནས་སྐོར་ལོག་མི་འགྲོ། ཆོས་ལོག་མི་བྱེད། དེ་བས་ཁྱེད་རང་ངའི་ཕྱི་བཞིན་ཆོས་དང་སྐོར་བ་ལ་ཤོག་གསུངས་ནས། ཁོ་པའི་ལག་ནས་བཟུང་སྟེ་ཕར་འཛིན་ཚུར་འཛིན་བྱེད་པའི་བར་ལ་འདིར་ཕ་བོང་ཆེན་པོ་ཞིག་ཡོད་པའི་སྟེང་ལ་གཉིས་ཀའི་ཕྱག་རྗེས་བྱུང་། དེའི་ཚེ་རྗེ་བཙུན་གྱི་ཐུགས་དམ་གྱི་ནུས་པས། ན་རོ་བོན་ཆུང་སྐོར་བ་ཁྲིད་ནས། ཏི་སེའི་རྒྱབ་ཏུ་སླེབས་སོང་། སྒྲོལ་མ་ལའི་འོག་ཙམ་ན་ཕ་བོང་གཡག་རོ་ལས་ཆེ་བ་གསུམ་བརྩེགས་བྱས་ནས་ཡོད་པ། ཡ་མཚན་ཆེ་བ་ཞིག་མཐོང་རྒྱུ་ཡོད། དེ་ཡང་ན་རོ་བོན་ཆུང་གིས་རྗེ་བཙུན་ལ་གྱད་ཀྱི་རྩལ་འགྲན་ཟེར། ཕ་བོང་ཆེན་པོ་ཞིག་གི་ཁར་ཕ་བོང་གཡག་རོ་ཙམ་ཞིག་བསྐྱལ་བྱུང་བ་ལ། རྗེ་བཙུན་གྱིས་ཀྱང་བོན་པོའི་རྒྱུད་རྡོའི་ཁར་རང་གི་དེ་གཉིས་འགྱུར་ཙམ་ཞིག་བསྐྱལ་བས། ན་རོ་བོན་ཆུང་ཕམ་པར་གྱུར། ན་རོ་བོན་ཆུང་གིས་ད་ལན་ཁྱེད་རྒྱལ་ཏེ་ལན་རེ་ལན་གཉིས་རྒྱལ་བས་མི་ཆོད་ད་དུང་ཡང་རྩལ་འགྲན་ཟེར་བ་ལ། རྗེ་བཙུན་གྱི་ཞལ་ནས། ཉི་ཟླ་དང་རྒྱུ་སྐར་འོད་འགྲན་ཉུང་། གླིང་བཞིའི་མུན་པ་ཉི་ཟླས་སེལ། ཁྱེད་དང་རྩལ་འགྲན་ཉུང་ཁྱེད་ཀྱིས་ང་མི་ངོ་བས། ཏི་སེ་ང་ཡི་དབང་ཡིན། ཁྱེད་འཕྲུལ་ཉམས་དགའ་བ་ཙམ་དང་ངེད་རང་ཆོས་པའི་སྒྲུབ་རྒྱུད་ཀྱི་ཆེ་བ་ཀུན་གྱི་མཐོང་ཕྱིར། རྫུ་འཕྲུལ་བསྟན་པས་ཚིག་གསུངས་བཞིན། ཏི་སེའི་ནུབ་ཕྱོགས་རྫོང་ལུང་གི་པདྨ་ཕུག་ན་བཞུགས། ན་རོ་བོན་ཆུང་གངས་རིའི་ཤར་ཕྱོགས་ན་ཡོད་པ་ལས། རྗེ་བཙུན་གྱི་ཞབས་ནུབ་རི་ནས་ཕོ་རང་གི་སྒྲུབ་ཁང་གི་བྲག་ཞིག་གི་ངོས་ལ་བརྐྱངས་ཏེ་ཞབས་རྗེས་བཞག་ནས། ཁྱེད་ཀྱི་ཀྱང་དེ་བཞིན་གྱིས་གསུངས་པས་ན་རོ་བོན་ཆུང་གིས་ཀྱང་ནུབ་ཕྱོགས་ལ་རྐང་པ་བརྐྱངས་པས་ཆུ་ཁ་ལས་མ་སླེབས་པ་ལས། ནམ་མཁའི་མི་མ་ཡིན་རྣམས་ཀྱི་བཞད་གད་ཐེག་པ་ཞིག་བྱུང་བས།   ན་རོ་བོན་ཆུང་ཚུང་ཟད་ཁ་སྐྱེངས་ཉུང་ད

དུང་ཡང་རྫུ་འཕྲུལ་འགྲན་ཟེར་ཞིང་སྐོར་བ་ལ་ཡོང་། རྗེ་ཡང་ཆོས་སྐོར་ལ་ཐེབས་སོང་།

ཏི་སེའི་ལྷོ་ཕྱོགས་སུ་རྫུ་འཕྲུལ་ཕུག་བྱ་བའི་རི་ཁྲོད་བྱིན་ཅན་ཞིག་ཡོད། དེ་ཡང་སྔོན་རྗེ་བཙུན་དང་ན་རོ་བོན་ཆུང་གཉིས་འདིར་མཇལ་ནས་ཆར་ཞིག་བབས་པ་ལས། རྗེ་བཙུན་གྱིས་ཆར་ཡིབ་བྱེད་ས་དགོས་འདུག་པ་ལས། ཁྱེད་ཀྱིས་ཁང་པའི་འོག་འགྲམ་རྩིག་གམ། སྟེང་གི་ཐོག་འབུབས་གསུངས་པ་ལས། ན་རོ་བོན་ཆུང་གིས་ཁྱེད་ཀྱིས་འགྲམ་རྩིགས་ཤིག ངས་ཐོག་འབུབས་ཟེར་བ་ལས། ཕ་བོང་ཆེན་པོ་མི་གསུམ་ཙམ་གྱིན་དུ་ལངས་པ་ཞིག་ལ་ཕྱག་མཛུབ་གཏད་དེ། འོ་ན་ཕ་གི་གཤོག་ཅིག་གསུངས་པས། བྱེད་ཟེར་སོང་། རྗེ་བཙུན་གྱིས་འགྲམ་བསྐྲངས་ནས་གཟིགས་པས་ན་རོ་བོན་ཆུང་གིས་ཕ་བོང་དེ་ལས་རྡོན་ཁྱིའུ་ལོ་བརྒྱད་ཙམ་ལོན་པའི་གཟུགས་ཙམ་ཕ་བོང་ཧེ་ལྷ་བུར་གཤགས་ཚར་འདུག་པ་རྗེ་བཙུན་གྱིས་ལྷ་སྣངས་མཛད་ཕྱིགས་མཛུབ་སྤྱར་བས། ན་རོ་བོན་ཆུང་གིས་གཤགས་པའི་རྡོ་དེ་རྐེད་པ་ནས་ཆག་པ། དེ་ཁྱེར་ཤོག་གསུངས་པས། ངའི་དེ་ཁྱེད་ཀྱིས་བཅག་ཟེར་བས། རྫུ་འཕྲུལ་འགྲན་མི་ཆོག་པ་བྱེད་པ་མེད་གསུངས་ནས་ཕྱག་ཡ་གཅིག་གིས་བསྐྲངས་ཏེ་བཀལ་བས། རྡོ་ལ་ཕྱག་རྗེས་ཤིག་བྱུང་། དེ་ནས་མཐོ་འདུག་གསུངས་ནས་བརྫིས་པས་ཞབས་རྗེས་བྱུང་། དམས་འདུག་གསུངས་ནས་འོག་ནས་གཏེགས་པས་ཀྱང་དབུ་དང་ཕྱག་རྗེས་ངོ་མཚར་བྱུང་བས་རི་ཁྲོད་དེར་རྫུ་འཕྲུལ་ཕུག་ཏུ་གྲགས་སོང་། རྗེ་བཙུན་གྱིས་ཞལ་ནས། ང་མཆོག་ཐུན་མོང་གཉིས་ཀའི་དངོས་གྲུབ་ཐོབ་པའི་རྣལ་འབྱོར་པའི་རྩལ་དང་རྫུ་འཕྲུལ། ཁྱེད་ཐུན་མོང་གིས་རྫུ་འཕྲུལ་ཐོབ་པ་ཙམ་གྱིས་མི་ཐུབ་གསུངས། ཐར་ན་རོ་བོན་ཆུང་ཅི་བྱ་བཏོལ་མེད་དུ་གྱུར། ཁོ་པས་ད་རེས་ཁྱེད་རྒྱལ་བ་ངས་ཁས་བསྐྲངས། ད་རང་རེ་གཉིས་ཟླ་བ་དེའི་ཆོས་བཅོ་ལྔ་ལ་མཐའ་མཇུག་གི་རྩལ་དང་རྫུ་འཕྲུལ་འགྲན། དེ་ཡང་གངས་ཏི་སེའི་རྩེ་མོར་ཏུ་སླེབས་མགྱོགས་པ། དེར་ཏི་སེ་དབང་བར་བྱེད་ཅིང་། མཆོག་གི་དངོས་གྲུབ་ཀྱང་སུ་ལ་ཐོབ་པ་འདུག་བལྟའོ་ཟེར་བས། རྗེ་བཙུན་གྱིས་ཀྱང་དེ་སྐད་བྱས་པས་ཆོག་ཟེར། དེའི་ཚེ་ན་ན་རོ་བོན་ཆུང་ནི་ཁོ་རང་གི་ལྷ་ལ་གཡེལ་མེད་དུ་གསོལ་བ་འདེབས་ཤིང་འདུག་སྐད། རྗེ་བཙུན་སྤྱོད་ལམ་སྤར་བས་གཡོ་བ་མེད་པར་བཞུགས་སོ། ཆོས་བཅོ་ལྔའི་ཐོ་རེངས་སུ་སླེབས་ཚེ་ན་རོ་བོན་ཆུང་གིས་སྒོ་ཐུལ་གྱོན་ནས་གཤང་

འཁྲོལ་ཞིང་ཛ་ལ་བཞོན་ཏེ་ནམ་མཁའ་ལ་འགྲོ་བ། ཛེ་བཙུན་གྱི་བུ་སློབ་རྣམས་ཀྱིས་གཟིགས་ཏེ་ཛེ་བཙུན་གཟིམས་ནི་བཞུགས་པ་ལ། བླ་མ་རས་ཆུང་ལས། ཛེ་བཙུན་ལགས། ན་རོ་བོན་ཆུང་ནི་སྔ་མོ་རང་ནས་ཛ་ལ་བཞོན་ནས་འཕུར་ཏེ་གངས་དཀར་ཏི་སེའི་རྩེད་པ་ལ་ཡར་སླེབས་སོང་། ཛེ་བཙུན་ད་དུང་གཟིམས་བཞུགས་ནས། བོན་པོ་ལ་གནས་རྒྱལ་བ་ལགས་སམ་ཞེས་ཞུ་བ་ནན་གྱིས་ཕུལ་བ་ལྟར་བུ་སློབ་ཀུན་གྱིས་ཕུལ་བས། ཛེ་བཙུན་གྱིས་གཟིགས་སྟངས་ཤིག་མཛད་ནས། ད་ལྟོས་དང་གསུངས། བལྟས་པས་ན་རོ་བོན་ཆུང་གྱེན་ལ་འགྲོ་མ་ནུས་པར་སྐོར་བ་སོང་འདུག དེ་ནས་ཉི་མ་འཆར་དུ་ཆར་བ་དང་ཛེ་བཙུན་ཆེན་པོས་ཀྱང་སེལ་གོལ་གཏོགས་པ་གཅིག་དང་། ན་བཟའ་རས་འགའི་ཤོག་རྒྱས་མཛད་ནས་འཕུར་བྱོན་པས། སྐད་ཅིག་མ་ཏི་སེའི་རྩེ་མོར་ཕེབས་པ་དང་། ཉི་མ་ཤར་བ་དུས་མཉམ་དུ་བྱུང་། དེའི་ཚེ་ཛེ་བཙུན་གྱིས་རྒྱུད་པའི་བླ་མ་རྣམས་དང་། འཁོར་ལོ་སྡོམ་པའི་ལྷ་ཚོགས་འཁོར་དང་བཅས་པ་དགྱེས་པའི་ཚུལ་དུ་ཁྲ་ལམ་མེ་བཞུགས་འདུག་པ་མངོན་སུམ་དུ་གཟིགས་པས། ངོ་བོ་མཉམ་པ་ཉིད་ནའང་རྣམ་པ་ཤིན་ཏུ་དགྱེས་ཤིང་སྤྲོ་བར་གྱུར། དེའི་ཚེ་ན་རོ་བོན་ཆུང་ཡང་ཏེའི་སི་མགུལ་ནས་ཡར་སླེབས་བྱུང་བ་ལས། ཛེ་བཙུན་གྱི་ཐུགས་ཛེའི་ཟིལ་མ་བཟོད་པར་ནམ་མཁའ་ནས་ལྷུང་སྟེ་འོག་གི་ཛ་ཡང་ཏི་སེའི་སྡོ་ཕྱོགས་ན་མར་ཐབ་ཤོར་བས། ན་རོ་བོན་ཆུང་གི་ང་རྒྱལ་དང་དྲེགས་པ་ཉམས་ཏེ། དམན་ས་བཟུང་བའི་ངང་ནས་ད་ཕྱོད་རྫུ་འཕྲུལ་དང་ནུས་པ་ཆེ་བར་སོང་བས། ཏི་སེ་ཁྱེད་ལ་ཐོབ་ཟེར། ང་ལ་གནས་འདི་མཐོང་ས་ཤིག་ཏུ་སྡོད་ས་དགོས་ཟེར་བྱུང་བས། ཛེ་བཙུན་གྱི་ཞལ་ནས་ཁྱེད་ལ་འཛིག་རྟེན་འདིའི་ལྟས་ཛེས་བཟུང་བའི་ཐུན་མོང་གི་རྫུ་འཕྲུལ་ཙུང་ཟད་འདུག་ནའང་། ང་རང་བྱུང་མངོན་པར་གྱུར་པས་མཆོག་གི་དངོས་གྲུབ་ཐོབ་པའི་གང་ཟག་རྣམས་དང་རྫུ་འཕྲུལ་འགྲན་ཙང་མི་དོ་བ་སྨྲ་ནས་བྱས། ཏི་སེའི་རྩེ་མོའི་རྡོ་ཛེའི་ར་བ་ཡན་ཡེ་ཤེས་ཀྱི་ལྷ་དང་དཔལ་འཁོར་ལོ་སྡོམ་པའི་བཞུགས་གནས་ཡིན་པས། ཁྱེད་བསྒྲོད་པའི་སྐབས་མེད་ཙང་། ད་ལན་ངས་ཆོས་པའི་ཆེ་བ་བསྟན་ཕྱིར་རྒྱལ་བ་གོང་མ་རྣམས་ལ་གནང་བ་ཞུས་ནས་སྐབས་དབྱེ་བ་ཡིན། ནམ་མཁའ་ནས་ལྷུང་བ་དང་། ཛ་ཐབ་ཏུ་ཤོར་བ་དེ། ཁྱེད་ལ་ང་རྒྱལ་ཆེན་པོ་འདུག་པས་བཅག་པའི་ཕྱིར་ངས་བྱས་པ་ཡིན། ད་གནས་དེའི་རྩ

བར་འགྲོ་དགོས་པ་ཡང་ངའི་ནུས་པར་བརྟེན་ནས་འགྲོ་དགོས་ཞེས་གསུངས་སོ། དེ་ལྟར་མི་ཡི་སེང་གེ་རྗེ་བཙུན་མི་ལ་བྱ་བ་དེས་ན་རོ་བོན་ཆུང་གི་རྫུ་འཕྲུལ་ཚར་བཅད་ནས་གངས་ཏི་སེ། མཚོ་མ་ཕམ་གྱི་བདག་པོ་མཛད་ཅིང་རྗེས་འཇུག་རྣམས་ལ་འདི་གོམས་ཤིག་གསུངས་པར་རྗེས་སུ་གདམས་ནས་དེ་ནས་བཟུང་གནས་ཀྱི་བདག་པོ་བཀའ་བརྒྱུད་པས་མཛད་པ་བྱུང་བ་ཡིན་ནོ། །

གཞན་ཡང་གངས་རིའི་སྐོར་ལམ་དུ་གནས་ངོ་མཚར་ཅན་འདི་ལྟར་ཏི་སེའི་ནུབ་ཕྱོགས་སུ་ཆོས་རྗེ་འབྲི་གུང་པས་ཕྱག་བཏབ་གནང་བའི་རྒྱང་གྲགས་དགོན་ཤར། ད་ལྟ་གྲྭ་ཚང་གི་རྒྱབ་རིའི་སྟེང་གི་མཁར་གོག་འདི་ནི་རྗོར་འཛིན་རྒྱ་ཡ་སྣང་པའི་གཟིམ་ཁང་དུ་གྲགས་དེའི་ཤར་ཕྱོགས་མེ་ལོང་ཞེས་པ་ཏུ་འབྲི་གུང་གྲུབ་ཐོབ་ལ་རྒྱ་ཡ་སྣང་ཞེས་གྲགས་ཏེ་དེར་རྗོར་འཛིན་རྒྱ་ཡ་སྣང་ལའི་སྒྲུབ་ཁང་དང་སྒྲུབ་ཆུ་འོ་མ་ལྟ་བུ་ཡོད། གཡས་ཀྱི་རི་ནི་སྔོན་སངས་རྒྱས་ཀྱིས་ཀླུའི་རྒྱལ་པོ་མ་དྲོས་པ་ལ་ཆོས་གསུངས་པའི་ས་ཡིན་པས་ད་ལྟ་སངས་རྒྱས་བཞུགས་ཁྲི་ཞེས་སྒྲགས། དེའི་འོག་གཡས་གངས་མཚམས་སུ་སྤྱན་ལྔ་འབྲི་གུང་གླིང་པའི་སྒྲུབ་ཕུག་དང་སྒྲུབ་ཆུ། འབྲི་གུང་པའི་རི་ཁྲོད་པ་མང་པོའི་སྒྲུབ་ཕུག་བཅས་ཡོད། དེའི་འོག་འབྲི་གུང་སྐྱོབ་པས་ལུང་བསྟན་པའི་རི་གདུགས་དེ་ལྟ་བུ་ཡོད། དེའི་ནུབ་ཏུ་ལྷ་དར་ནང་ཞེས་པ་ཡོད་ཅིང་། དེའི་རྒྱབ་སེར་ལུང་ཞེས་རྗོར་འཛིན་གྲུབ་ཐོབ་བུ་ཆུང་གི་གཟིམ་ཁང་མགོ་ཁང་བཅས་ཡོད། རྒྱབ་ཀྱི་བྲག་རི་ཤེལ་འདྲའི་བྲག་ཞེས་པར་དེའི་སྐོར་ལམ་གྱི་ལྟག་ལ་ཏ་མགྲིན་གྱི་རང་བྱོན་དང་། བྲག་རི་རྣམས་རྒྱལ་སྲིད་སྣ་བདུན་གྱི་དབྱིབས་སུ་ཡོད། བྲག་འོག་ཏུ་གྲུབ་ཐོབ་སེང་གེ་ཡེ་ཤེས་སོགས་འབྲི་གུང་པའི་སྒོམ་ཆེན་རྣམས་ཀྱི་སྒྲུབ་ཁང་མང་པོ་ཡོད། ཤེལ་འདྲའི་རྩེ་ལ་དབང་ཕྱུག་གྱི་ཕོ་བྲང་གྲགས་པའི་རི་དང་ཟུར་དུ་དབང་ཕྱུག་གི་བཀའ་སྡོད་སྤྲེའུ་ཧ་ལུ་མནྟ་ཞེས་པའི་བྲག་འབུར་ཡོད་པ་དེའི་འོག་ན་ཕ་བོང་སྦལ་པ་འདྲ་བའི་ཁོང་ནས་གནས་སྒོ་འབྱེད་པའི་ལྡེ་མིག་བརྙོན་པའི་ཤུལ་དང་། བྱ་རོག་གི་རང་བྱོན་ཡང་ཟེར། ཤེལ་འདྲའི་ནང་སྐོར་དུ་གྲགས་པ་ཏི་སེའི་སྐུ་སྐེད་ཀྱི་རྡོ་རྗེ་ར་བའི་ནང་དུ་འབྲི་གུང་གདན་རབས་དང་པོ་རྒྱ་གར་གྲུབ་ཆེན་ཏཻ་ལོ་པའི་རྣམ་འཕྲུལ་འབྲི་གུང་འཛམ་གླིང་ཆོས་ཀྱི་རྒྱལ་པོའི་གསེར་གདུང་ནས་བཅུ་བདུན་པ་སྤྱན་རས་གཟིགས་ཀྱི་སྤྲུལ་པ་འབྲི་གུང་པ་ཐུགས་རྗེ་ཉི་

མའི་བར་གྱི་གསེར་གདུང་རྣམས་བྱིན་རླབས་ཀྱི་གཟི་འོད་འབར་བར་བཞུགས།

གོང་གསལ་གྲལ་ནས་རྗེ་བསྟན་འཛིན་འགྲོ་འདུལ་པ་དང་། པདྨའི་རྒྱལ་མཚན། ཆོས་ཀྱི་རྒྱལ་མཚན་གསུམ་གྱི་གསེར་གདུང་རྒྱང་གྲགས་འདུ་ཁང་དུ་བཞུགས་ཡོད། མདུན་ངོས་སུ་གནས་བརྟན་ཡན་ལག་འབྱུང་གི་ཕོ་བྲང་དུ་གྲགས་པའི་བྲག་རི་དང་། གཡོན་རི་དར་དཀར་གྱི་ཡོལ་བ་བཀྲམ་པ་ལྟ་བུའི་འོག་ལ་ཡེ་ཤེས་ཀྱི་མགོན་པོའི་ལྷ་ཚོགས་རྣམས་བཞུགས། བྱར་དུ་བདུད་རྩི་སྨན་གྱི་ཀ་པྣ་ལ་ཞེས་བྱ་བ་མཁའ་འགྲོ་མའི་ཁྲུས་ཀྱི་རྫིང་བུ་བྱིན་ཅན་ཡོད། ཤེལ་འདྲའི་རྒྱབ་ནས་ཡར་ཕྱིན་པ་ན་རི་སྒོམ་ཞ་འདྲ་བའི་འོག་ན་རྫོང་འཛིན་ཐྭ་ཡ་སྣང་པ་ལ་འབྲི་གུང་སྐྱོབ་པ་རིན་པོ་ཆེས་རྒྱང་གྲགས་དགོན་ཐེབས་ཤིག་ཅེས་ལུང་བསྟན་པས་ལུང་བསྟན་ཕུག་ཅེས་པ་སོགས་འབྲི་གུང་པའི་རི་པ་རྣམས་ཀྱི་སྒྲུབ་ཕུག་མང་དུ་ཡོད། དེ་ནས་དར་ལུང་གི་མདའ་ལ་ཕུག་འཚལ་སྣང་ཞེས་པ་ཡོད་དོ། དེ་ནི་རྫོན་རྒྱལ་བ་གོད་ཚང་པ་མ་ཕམ་གྱི་འགྲམ་དུ་ཕེབས་ཤིང་ཆུ་ཚའི་སྐྱེམས་ཤིག་གསོལ་དགོས་དགོངས་ནས་ཕྱགས་དམ་གྱི་ངང་ནས་སྒྲིད་རྡོ་བཅལ་བས་རྡོ་ཐམས་ཅད་ལྷ་སྐུ་དང་ཡིག་དྲུག་སོགས་རང་བྱོན་ཕོ་ནར་གྱུར་ནས་སྒྲིད་རྡོ་མ་རྙེད་པས་ཕྱགས་ངོ་མཚར་སྣང་དུ་གྲགས་ཤིང་། དེའི་ཤར་གྱི་རི་ཛམ་བྷ་ལ་སེར་པོའི་ཕོ་བྲང་ཡིན་པར་གྲགས། དེ་ནས་ཅུང་བགྲོད་ན་གསེར་གཞོང་ཞེས་གནམ་བཀོས་གོང་མའི་མཆོད་ཡོན་གྱི་སྐུ་དར་དར་སྨིན་དང་དེའི་གོང་གི་དཀྱིལ་འཁོར་སྟེང་དུ་ནུབ་ཕྱོགས་མི་འགྱུར་བའི་གཟེར་ཆེན་སྟོན་པ་སངས་རྒྱས་ཀྱི་ཞབས་རྗེས་ལ་དགྲ་བཅོམ་པ་ལྔ་བརྒྱའི་ཞབས་རྗེས་ཀྱིས་བསྐོར་བ་ཡོད། དེའི་འོག་གི་རི་ལྗེབས་སུ་ན་རོ་བོན་ཆུང་གི་ཕུག་པ་དང་དེའི་སྣང་ལ་རྗེ་བཙུན་མི་ལའི་ཞབས་རྗེས་ཀྱང་ཡོད།

ཕུག་པའི་བྱར་དུ་སྨན་ཆུ་ནད་སེལ་བྱ་བའི་ཆུ་མིག་དེའི་ཡར་བྱར་དུ་བྲག་གནས་བརྟན་བཅུ་དྲུག་གི་རང་བྱོན། གསེར་གཞོང་གི་ནུབ་ལྷ་ཆུ་བརྒྱལ་བས་ན་ཛམ་བྷ་ལ་ནག་པོའི་ཕོ་བྲང་ཞེས་པའི་རི་ཡོད། སྟེང་གི་ལུང་ཞིག་ཏུ་སློབ་དཔོན་པདྨ་འབྱུང་གནས་ཀྱི་སྒྲུབ་ཕུག་དང་སྒྲུབ་ཆུ་ཕྱག་དང་ཞབས་རྗེས་སོགས་ཡོད། དེའི་སྟེང་དུ་རྒྱལ་བ་གཉོས་ལྷ་ནང་པའི་ཞལ་གཟིགས་པའི་སྤྱན་རས་གཟིགས་གཙོ་འཁོར་གསུམ་དང་། ཁ་སརྤ་ཎིའི་རང་བྱོན། དེའི་གཡོན་ཏེ་སི་ལྷ་བཙན་གྱི་ཕོ་བྲང་། རྗེ་བཙུན་བཞུགས་

པའི་རས་ཆེན་ཕུག དེའི་ཉེ་སྐོར་དུ་དཔལ་ལྡན་འབྲུག་པ་བཀའ་བརྒྱུད་ཀྱི་སྒྲུབ་ཁང་མང་དུ་ཡོད།

འོག་ཏུ་ སྡོན་གཉན་པོ་གྲུབ་ཆེན་ཞེས་པ་ཞིག་གིས་དགོན་པ་བཏབ་པ་ལ་མིང་གཉན་པོ་རི་རྫོང་ཞེས་གྲགས། བརྟེན་གར་ཞྭ་ནས་གདན་དྲངས་པའི་རྟེན་གཙོ་རང་བྱུང་ཆོས་སྐུ་རིན་པོ་ཆེ་བཞུགས་ཡོད་པ་དང་། དེ་མིན་སྟོན་པ་སངས་རྒྱས་ཀྱི་སྐུ་དང་རྒྱལ་བའི་བཀའ་འགྱུར་རིན་པོ་ཆེ་ཞབས་དྲུང་རིན་པོ་ཆེ་ངག་དབང་རྣམ་རྒྱལ་གྱི་སྐུ་ལ་སོགས་བཞུགས་ཡོད་པར་གྲགས། དེར་མཚོ་མ་ཕམ་ནས་བཙོལ་བའི་ཆུ་མིག་པདྨ་ཕུག་ཅེས་པའི་སྒྲུབ་ཕུག་དང་རི་བོ་མཐོ་བ་གཙུག་ཏོར་རྣམ་རྒྱལ་གྱི་མཆོད་རྟེན་རི་བྲག་བདུན་ནི་གླིང་གེ་སར་རྒྱལ་པོ་ལ་ཕ་སྤུན་བདུན་གྱི་བསྐོར་བའི་རྣམ་པ་དང་བྲག་ལྡེབས་ནས་གངས་རིན་པོ་ཆེའི་ཕྱིན་ཆབས་ཞེས་པའི་འཇའ་ཚོན་སྣ་ལྔའི་ཆུ་རྒྱུན་འབབ་པ་ཡོད།

དེ་དང་ཉེ་བའི་རི་རྩེར་བྲག་རི་རྫ་ལ་གཟིངས་པ་འགའ་ཞིག་ཡོད་པ་ནི་དཔལ་མགོན་བེང་གི་ཕོ་བྲང་དང་། མགོན་པོའི་གཏོར་མ་དང་། མགོན་གཡག་མགོན་བཅས་ཡིན་པར་གྲགས། དེ་ནས་རྟ་མགྲིན་གྱི་རང་བྱོན་དང་བྱང་ཕྱོགས་མི་འགྱུར་བའི་གཟེར་སྟོན་པ་སངས་རྒྱས་ཀྱི་ཞབས་རྗེས་ནུ་མ་ཞེས་པ་སོགས་མང་པོ་འདུག དེ་ནས་འབྲི་ཕུག་ཞེས། དེ་ཡང་སྔོན་རྒྱལ་བ་རྒོད་ཚང་པ་གནས་སྒོ་འབྱེད་དུ་ཕེབས་སྐབས། སྒོ་བུར་དུ་འབྲོང་ཞིག་མདུན་དུ་བྱུང་། འདི་ཅི་ཡིན་དགོངས་ཏེ་ཏིང་ངེ་འཛིན་གྱི་ངང་ནས་གཟིགས་པས། འབྲོང་འདི་མཁའ་འགྲོ་མ་སེང་གདོང་གི་སྤྲུལ་པ་ཡིན་པ་མཁྱེན་ཅིང་། ལུང་པ་དེར་འབྲོང་ལུང་གྲགས། དེ་ནས་འབྲོང་དེ་ཤར་ཕྱོགས་ལ་ཁ་བལྟས་ནས་སོང་བའི་རྗེས་ལ་བྱོན་ནས་ཕ་བོང་གི་སྟེང་ནས་གཟིགས་པས་ཕ་བོང་ལ་ཞབས་རྗེས་བྱུང་བ་ད་ལྟ་ཡོད། འབྲོང་འདི་ཕུག་པའི་རྫོ་ཞིག་ལ་ཐིམ་པའི་ཤུལ་དུ་དབུ་རའི་རྗེས་བྱུང་བས་མིང་ལ་ཡང་འབྲི་ཐིམ་འབྲི་ར་ཕུག་ཏུ་གྲགས། དེ་ནས་མགོན་པོའི་སྤྲུལ་པ་བྱ་རོག་ཕ་བོང་ལ་ཐིམ་པའི་སར་བྱ་རོག་མགྲོན་ཁང་ཞེས་པ་དང་། རྫ་གསེབ་ཏུ་བསིལ་བ་ཚལ་ཞེས་བྱ་བའི་དུར་ཁྲོད། རྒྱལ་བ་གཏོས་ལྷ་སྣང་གི་ཞབས་རྗེས་དང་ཨ་དཀར་པོ་རང་བྱོན། དེ་ནས་ཅུང་ཟད་ཕྱིན་པ་ན་སྡོན་རྗེ་བཙུན་མི་ལ་རས་པ་དང་། ན་རོ་བོན་ཆུང་གཉིས་གྱད་ཀྱིས་རྩལ་འགྲན་པའི་གྱད་རྡོ་གསུམ་བརྩེགས་ཡོད། དེའི་ཤར་ཕྱོགས་སུ་སྒྲོལ་མ་ལ་ཞེས་པ་དེ་ཡོད། ལ་དེའི་མིང་བྱུང་

ལུགས་ནི་འདི་ལྟར་སྔོན་རྒྱལ་བ་གོང་ཚང་པ་སྐོར་ལམ་འཚོལ་དུ་བྱོན་སྐབས་སྐོར་ལམ་མ་མཁྱེན་པའི་ཚུལ་འདྲ་མོས་མཁའ་འགྲོ་གསང་ལམ་དུ་བྱོན་པར་དགོངས་མ་ཐག་མདུན་དུ་སྤྱང་ཀི་སྔོན་མོ་ཉི་ཤུ་རྩ་གཅིག་རོག་གེར་བྱུང་བ་ལས་ཅི་ཡིན་སྙམ་ནས་ཧིང་ངེ་འཛིན་གྱི་ངང་གཟིགས་པས་སྒྲོལ་མ་ཉི་ཤུ་རྩ་གཅིག་གི་སྤྲུལ་པས་ལམ་བསྟན་པ་མཁྱེན་ནས་དེ་རྣམས་ཀྱི་རྗེས་སུ་བྱོན་པ་ན། མ་མགོར་ཕེབས་པའི་ཚེ། གཅིག་ལ་གཅིག་ཐིམ་ནས་མཐར་གཅིག་པོ་ཡང་ཕ་བོང་ལ་ཐིམ་པས་དེ་ནས་བཟུང་ལའི་མིང་ལ་སྒྲོལ་མ་ལ་ཞེས་གྲགས་སོ། ཕ་བོང་གི་འཁྲིས་སུ་སྤྱང་ཀིའི་རྗེས་དང་། ལྷེབས་ལ་སྤྱན་རས་གཟིགས་ཀྱི་རང་བྱོན་ཡོད་ཟེར། སྒྲོལ་མ་ལའི་སྟེང་འདིར་སྔོན་རྒྱལ་བ་གཉོས་ལྷ་ནང་པའི་ཞབས་རྗེས་བྱུང་བ་དེ་ད་ལྟ་རྫུ་འཕྲུལ་ཕུག་ཏུ་ཡོད། སྒྲོལ་མའི་གཡོན་ཕྱོགས་སུ་བྱང་ཆུབ་ཆེན་པོའི་མཆོད་རྟེན་དང་མཉེན་པོའི་ཕོ་བྲང་། གནོད་སྦྱིན་གང་བ་བཟང་པོའི་ཕོ་བྲང་དུ་གྲགས་པ་རི་ཁ་ཤས་ཡོད། གཡས་སུ་མཁའ་འགྲོ་སེང་གདོང་ཅན་དང་ཕྱག་ན་རྡོ་རྗེ། རྟ་མགྲིན་རྣམས་སྐུའི་རྣམ་པ་དང་། ལས་ཀྱི་རྟ་རེ་ཟེར་བ་རྟ་མགྲིན་གྱི་རྟ་སྒོ་འདྲ་བའི་བྲག་རི་སྲིན་མོའི་ནུ་མ་ཞེས་པའི་བྱེ་རི་དམར་པོ་གཉིས་མཛེ་ནད་ཞི་བྱེད་རྡོ་རྗེ་ཕུག་ཞེས་པ་སོགས་མང་དག་ཡོད་པས་རེ་རེ་བརྗོད་ཀྱིས་མི་ལངས་སོ། །

ཧི་སེར་ཕྱག་མཆོད་དང་སྐོར་བ་བགྱིས་པའི་ཕན་ཡོན་ནི་འདུལ་བ་ལུང་ལས། གང་ཞིག་དད་ཅིང་མོས་པས་སེམས་ཀྱིས་སུ་སངས་རྒྱས་མཆོད་རྟེན་ལ་ནི་གོམ་དོར་ན། འཛམ་བུ་ཆུ་བོའི་གསེར་གྱི་གྲངས་ཚད་ནི་སྟོང་ཕྲག་བརྒྱ་ཡང་དེ་དང་མཉམ་པ་མིན། ཞེས་གང་ཟག་གང་འདྲ་ཞིག་གིས་དད་སེམས་ཀྱི་མཆོད་རྟེན་ལ་སྐོར་བ་བྱས་ཚེ། འཛམ་བུ་གླིང་གི་གསེར་སྟོང་ཕྲག་བརྒྱ་སྦྱིན་པ་ལས་ཀྱང་ཕན་ཡོན་ཆེ་བར་གསུངས། རྗེ་བཙུན་གཙང་པ་རྒྱ་རས་ཀྱིས། ཕོ་བྲང་ཆེན་པོ་ཏི་སི་ལ་སྐོར་བ་ལན་གཅིག་བསྐོར་གྱུར་ན། སྐྱེ་བ་གཅིག་གི་སྒྲིབ་པ་འདག །དེ་བཞིན་སྐོར་བ་བཅུ་སྐོར་ན། བསྐལ་པ་གཅིག་གི་སྒྲིབ་པ་འདག སྐོར་བ་བརྒྱ་རྩ་སོང་བ་ན་ཕྲག་བཅུའི་ཡོན་ཏན་བརྒྱད་རྫོགས་ནས་ཚེ་གཅིག་སངས་རྒྱས་ཐོབ་པར་འགྱུར་ཞེས་སྤྱར་དཀར་ཆག་རྣམས་སུ་དྲངས་འདུག་པ་སྐོར་ཚད་དངོས་ཡིན་པ་སེམས་ལ་དེང་སང་ངག་སྒྲོས་སུ་ནི་སྐོར་ཚད་བཅུ་གསུམ་ཡིན་ཟེར་ལ་དེའི་གཏན་ཚིགས་ནི་སྒྲོལ་མ་ལའི་སྟེང་གི་

ཀ་པླ་ལ་ཞེས་པའི་མཚོ་ཆུང་དེར་སྔོན་གནས་སྐོར་བ་ཁམས་མོ་ཞིག་གིས་བུ་ཚ་རྒྱབ་ཏུ་ཁུར་ནས་ལུས་སྒྲུར་ཏེ་ཆུ་བཏུངས་པས། བུ་ཚ་ཆུ་ནང་དུ་ལྷུང་ནས་ཤི་བས། དེ་ཕྱིན་ལ་མཚོ་ཞལ་ཁ་མ་ཕྱེ་ཡིན་སྐད་དང་། ཁམས་མོས་བུ་ཚ་བསད་པའི་གཤགས་པར་སྐོར་བ་བསགས་པས་སྐོར་བ་བཅུ་གསུམ་སོང་སྐབས་སྒྲིབ་པ་འདག་པའི་རྟགས་སུ་རྡོ་ལ་ཕྱག་ཞབས་ཀྱི་རྗེས་བྱུང་ཞིང་འཇའ་ལུས་མཁའ་སྤྱོད་དུ་གཤེགས་པས་དེ་ཕྱིན་སྐོར་ཚད་བཅུ་གསུམ་བྱེད་པ་འདི་བྱུང་ཞེས་གནས་འཛིན་པ་རྣམས་ནས་སླ་ལ། སྒྲིབ་པ་འདག་མ་དག་གི་རྟགས་ལ་སྐོར་ཚད་བྱེད་པ་ཤིན་ཏུ་རིགས་པ་ཡིན་ནོ། གོང་གསལ་གྱི་གཏམ་རྒྱུད་དེའི་ཐད་ནས་མི་རྣམས་ཀྱི་ལོ་རབས་དེ་དག་གི་གནས་ཚུལ་གསལ་པོ་མཐོང་ཐུབ་ཅིང་། མི་གལ་ཆེན་དང་། དོན་གལ་ཆེན། གནས་གལ་ཆེན་སོགས་ཇེ་མ་ཇེ་བཞིན་དུ་གསལ་པོར་མཁྱེན་ཐུབ།

གངས་དཀར་ཏི་སེའི་ཕྱོགས་བཞི་ན་འཛམ་བུ་གླིང་གི་ཆུ་བོ་བཞི་འབབ་པ་སྟེ། ཤར། ལྷོ། ནུབ། བྱང་བཞི་ན་ཐྲག་རྟ་དང་རྨ་བྱ། གླང་པོ་ཆེ། སེང་གེ་བཅས་ཀྱི་དབྱིབས་འདྲ་བའི་ཁ་ནང་ནས་འབབ་པ། ཆུ་བོ་པཀྵུ། གངྒཱ། སིནྡྷུ། སི་ཏ་བཅས་འབབ་པ་ཡིན་པས། འཛམ་གླིང་གི་ཆུ་བོ་བཞི་གང་ནས་འབབ་པའི་འགོ་ནི་སྟོད་ཀྱི་གངས་ཏི་སེ་ལ་དཔེ་སྦྱར་རོ། །

གངས་ཏི་སེ་ནི་འཛམ་གླིང་རྒྱལ་པོའི་དཀྱིལ་དབུས་ཡིན་པ་བརྗོད་སྲོལ་ཡོད་ལ་མཚོ་མ་ཕམ་ནི་འཛམ་གླིང་རྩེ་མོའི་ཆུ་རྫིང་ཆེ་ཤོས་ཡིན་པ་དང་། ཤར་གྱི་རྟ་མཆོག་ཁ་འབབ། དེ་ཉིད་གཙང་གཞུང་བརྒྱུད་རྒྱལ་རྩེ་བར་ལོང་ནས་ཉང་ཆུ་དང་འདྲེས་ཏེ། ལྷ་སའི་སྨད་རྒྱུད་ཆུ་ཤུལ་དུ་སྐྱིད་ཆུ་དང་ཟླ་བསྒྲིལ་ནས་ཡར་ཀླུང་བརྒྱུད་པ་ལ་ཡར་ཀླུང་གཙང་པོར་འབོད་ཅིང་། དེ་ནས་དྭགས་ཀོང་ནས་གནམ་ལྕགས་འབར་བའི་རི་བོར་གཡས་བསྐོར་གྱིས་བློ་ཡུལ་བརྒྱུད། རྒྱ་གར་ཤར་ཕྱོགས་ཨ་སམ་དང་། འབང་ལ་དེ་ཤི་སོགས་བརྒྱུད་རྒྱ་མཚོར་འབབ་པ་བྲ་མ་སྤུ་ཏྲར་ཞེས་བྱ་བ་དང་། ཆུ་བོ་རྨ་བྱ་ཁ་འབབ་ནི། སྤུ་ཧྲེང་ཕྱོགས་ནས་རྒྱ་གར་ཨུ་ཏར་པར་དེ་ཤི་བརྒྱུད། ཕྱི་ནང་ཚང་མས་རྩ་ཆེར་འཛིན་པ་ཆུ་བོ་གངྒཱའམ་ཀླན་ཇེ་ཟེར་བ་དང་། ཆུ་བོ་གླང་ཆེན་ཁ་འབབ་ནི། སྟོད་མདའ་པ་དང་། མཐོ་ལིང་སོགས་ནས་ཁུ་ནུའི་གཞུང་བརྒྱུད། རྒྱ་གར་ནང་རམ་པུར། མ་ཧི་ཤ་ནར། པན་འཇབ་སོགས་སུ་ཆུ་བོ་སུ་ཏྲ་ལེ་ཇེ་ཟེར། ཆུ་བོ་

སེང་གེ་ཁ་འབབ་ནི་སྟོད་སྐར་དང་ལ་དྭགས་ནས་ཀ་སྨིད་ར་དང་། པ་ཁི་སི་ཐན་བརྒྱུད་འབབ་པ་ཆུ་བོ་ཨིན་འདུས། དབུས་ཀྱི་བྱང་བརྒྱུད་ནས། ཆུ་བོ་རྒྱ་མོ་སྦོ་ཆུ་མདོ་སྟོད་བརྒྱུད་ཐྲར་མའི་ནང་སིལ་ཕྲན་ཞེས་དང་ཡང་ཛ་ཆུ། ཐའི་དང་། ལའོ་སེ། ཀན་པོ་ཀྲ་སོགས་འབབ་པ་ཆུ་བོ་མེ་ཀོང་ཟེར། དེ་མིན་བྱང་གཉན་ཆེན་ཐང་ལྷའི་རི་བརྒྱུད་ཤིན་ཏུ་རིང་བ་གངས་རི་དཀར་པོའི་ཕྲེང་བ་ནས་འབབ་པའི་ཆུ་བོ་འབྲི་ཆུའམ། གསེར་ལྡན་མདོ་སྟོད་ཀྱི་གཞུང་བརྒྱུད་རྒྱ་ནག་གྲུང་ཆེང་དང་། ཏན་ཀའོ་སོགས་སུ་འབབ་པ་གྲང་ཅང་ཟེར་ཞིང་རྒྱ་ནག་གི་གཙང་པོ་རིང་ཤོས་དང་གལ་ཆེ་ཤོས་སུ་བྱེད་པ། ཡང་མདོ་སྨད་ཨ་མདོའི་ཕྱོགས་སུ་ཆུ་བོ་རྨ་ཆུ་འགྱུ་ལོག་བརྒྱུད་ཀླུ་ཆུ་དང་། བསང་ཆུ། རྨེ་རུ་གངས་དཀར་སོགས་ནས་འབབ་པ་རྨེ་ཆུའམ། འཇུ་ལག་གི་ཆུ་བོ་སོགས་དང་ཟླ་བསྒྲིལ་གྱིས་རང་རྒྱལ་གྱི་ཀན་སུའུ་ཞིང་ཆེན་ཕྱོགས་སུ་རྨ་ཆུ་ཞེས་འབབ་ཅིང་། གངས་ལྗོངས་ནི་འཛམ་གླིང་ཤར་ཕྱོགས་ཀྱི་ཆུ་བོ་གལ་ཆེན་རྣམས་ཀྱི་ཆུ་འགོ་ལྟ་བུ་ཡིན་ནོ། །

མ་ཕམ་གཡུ་མཚོ། སངས་རྒྱས་ཆོས་ལུགས་ཀྱི་གཞུང་མངོན་པར་མཛོད་ལས་རྒྱ་གར་རྡོ་རྗེ་གདན་ནས་བྱང་ཕྱོགས་སུ་རི་ནག་པོ་དགུ་འདས་པས་ན་གངས་རི་ཏི་སེ་དང་། དེ་ནས་ཤར་ཕྱོགས་སུ་སྤོས་ངད་ལྡང་གི་རི་བོ་ཡོད་ཅིང་དེ་གཉིས་ཀྱི་བར་ཁ་ན་ཁ་ཞེང་ལ་དཔག་ཚད་ལྔ་བཅུ་ཡོད་པའི་མཚོ་མ་དྲོས་པ་ཡོད་པ་སྟེ། མཚོ་མ་ཕམ་ཞེས་བྱས་པ་དེ་རང་ཡིན། མཚོའི་ཡོན་ཏན་གྱིས་མི་ཕམ་པས་མ་ཕམ་ཞེས་འབོད་གཡུ་མཚོ་ཞེས་འབོད་པ་མདོག་ལས་བྱུང་། དེང་ཚན་རིག་པས་ཐིག་ལེན་གསལ་པོ་བྱས་ཡོད་པ་སྟེ། མཐོ་ཚད་རྒྱ་མཚོའི་ངོས་ལས་སྨིད་4587སུ་གནས་ཡོད་ཅིང་། རྒྱ་ཁྱོན་སྤྱི་ལེ་གྲུ་བཞི་མ་412 གཏིང་ཚད་རིང་ཤོས་སུ་སྨིད་77ཡོད། སྤྱི་ཟླ་11པའི་ཚེས་10ནས་15ནང་དར་ཆགས། མཚོ་ཞལ་ཕྱེ་བའི་དུས་ཚོད་ནི་ཟླ་བ་2པའི་ཚེས་25ནས་30ཡང་ན་ཟླ་གསུམ་པའི་ཚེས་10ནས15བར་ཡིན། མཚོ་དང་འབྲེལ་བའི་དགོན་པ་ཡོད་པ་རྣམས་ཤར་དུ་མཉམ་མེད་འབྲི་གུང་བཀའ་བརྒྱུད་ཀྱི་སྒྲུབ་གནས་སེ་བ་ལུང་། ཤར་ལྷོར་དཔལ་ས་སྐྱ་བའི་ལུགས་འཛིན་མཉེས་མགོ་དགོན་པ། ལྷོར་དཔལ་ལྡན་མཉམ་མེད་རི་བོ་དགའ་ལྡན་པའི་ཆོས་སྡེ་ཁྲུས་སྒོ་དགོན་པ། ལྷོ་ནུབ་ཏུ་རྒྱལ་བ་ཆོད་ཚང་བའི་

སྒྲུབ་གནས་འགོ་ཚུགས་དགོན་པ། ནུབ་ཏུ་སློབ་དཔོན་པདྨ་འབྱུང་གནས་ཀྱི་སྒྲུབ་གནས་ཕྱི་ཝུ་དགོན་པ། ནུབ་བྱང་དུ་སངས་རྒྱས་ཀྱིས་ལུང་བསྟན་པའི་གད་པ་གསེར་གྱི་བྱ་སྐྱིབས། བྱང་དུ་དཔལ་ལྡན་འབྲུག་པ་ལུགས་འཛིན་སྣང་ན་དགོན་པ། བྱང་ཤར་དུ་དཔལ་ལྡན་མཉམ་མེད་རི་བོ་དགའ་ལྡན་པའི་ཆོས་སྡེ་བོན་རི་དགོན་བཅས་བརྒྱད་ཡོད། མཚོ་དཀྱིལ་ན་འཛམ་བུ་ཏྲི་ཁྲིའི་སྡོང་པོ་ཡོད་པ་དང་མཚོ་དཀྱིལ་མཐའ་ལས་མཐོ་བ་ཡོད་པས། དཀྱིལ་འཁོར་གྱི་དབྱིབས་ལྟ་བུ། མཚོ་ཆུ་མངར་བ། བསིལ་བ། འཇམ་པ། ཡང་བ། དྭངས་བ། གཙང་བ། མགྲིན་པ་ལ་མི་གནོད་པ། ལྟོ་བ་ཕན་པ། གླུའི་མཆོད་དང་། ཁྲུས་ཆབ། གདོན་འགེགས། བར་ཆད་གསེལ་བ། སྡིག་སྒྲིབ་དག་པ། ཚེ་རིང་དུ་འགྲོ་བ་སོགས་ཀྱི་ཡན་ལག་བརྒྱད་ལྡན་ཁོ་ན་ཡིན་པའི་མངགས་བརྗོད་ཡོད། དེ་མིན་མཚོ་མོ་དང་ལྷ་སོགས་མཚོ་དང་མཚོ་ཕྲན་མང་པོ་ཡོད་པ་དང་། བྱ་དཀར་གྱི་གླིང་ཕྲན་དང་། འདབ་ཆགས་དང་རྨིག་ཆགས། སྡེར་ཆགས་སོགས་ཡོད་པ་སྟེ། ངང་པ་སེར་པོ་དང་། དཀར་པོ། ཁྲུང་ཁྲུང་། ཆུ་བྱ་སོགས་བྱ་རིགས་སྣ་ཚོགས་ཀྱིས་སྐད་སྙན་གྱི་འགྱུར་ཁུག་སྒྲོག་བཞིན་ལྡེམ་འགྱུར་གྱི་ཤོག་རྩལ་ངོམས་པ། རི་དྭགས་གནའ་བ་དང་། དགོ་བ། གཙོད། རྐྱང་། འབྲོང་། འབྲོང་ཁམ་པ་སོགས་ཁྲུ་དང་ཁྲུ་བཅས་པ་ཡོད་དོ། །

རྗེ་བཙུན་ས་སྐྱ་པཎྜི་ཏའི་ཞལ་ནས། གངས་ཅན་འདི་ཏི་སེ་མིན། མ་དྲོས་མཚོ་ནི་མ་ཕམ་མིན་ཞེས་ཁྱེད་བཀའ་བརྒྱུད་པས་རི་བོ་གངས་ཅན་དུ་ངོས་བཟུང་བའི་གངས་རི་འདི་གངས་ཆེན་མ་ཡིན། ཏི་སེའི་མཚན་ཉིད་མདོ་ནས་བཤད་པ་རྣམས་འདི་ལ་མེད་པའི་ཕྱིར་སོགས་གསུངས་པ་ལ་གངས་རི་འདིའི་སྐོར་སྔོན་ཕྱོན་བླ་མ་སྐྱེས་ཆེན་དམ་པ་མང་པོས《མངོན་པ་མཛོད》ནས་གསུངས་པའི་གངས་ཏི་སེ་ངོ་མ་ཡིན་པའི་སྒྲུབ་བྱེད་བཀྲམས་ཡོད་པ་སྟེ། ཉ་དམར་སྐུ་ཕྲེང་བཞི་པ་ཆོས་གྲགས་ཡེ་ཤེས་ཀྱིས་མཛད་པའི《མཁས་པའི་རྣ་རྒྱན》དང་། འབྲི་གུང་ཞབས་དྲུང་ཆོས་ཀྱི་གྲགས་པས་མཛད་པའི《རྩོལ་ངན་འཛོམས་པའི་ལེགས་བཤད》འབྲུག་པ་སངས་རྒྱས་རྡོ་རྗེས་མཛད་པའི《གནས་གསུམ་གསལ་བྱེད་ལེགས་བཤད་ནོར་བུའི་མེ་ལོང》འབྲི་གུང་རྡོ་རྗེ་འཛིན་པ་ངག་དབང་འཕྲིན་ལས་རྡོ་རྗེས་མཛད་པའི《གནས་ཆེན་གངས་རི་མཚོ་གསུམ་ཆུ་བོ་དང་བཅས་པ་གཏན་ལ་དབབ་པ་ལུང་དོན་སྣང་བར་

བྱེད་པའི་མེ་ལོང་》འབྲི་གྲུང་གདན་རབས་སོ་བཞི་པ་དཀོན་མཆོག་བསྟན་འཛིན་གྱིས་མཛད་པའི་《གངས་རིའི་གནས་བཤད་ཤེལ་དཀར་མེ་ལོང་》སོགས་མཛད་ནས་མདོར་ན་ཁྱོད་རྣམས་སུ་དང་མི་མཚུངས་པའི་སྨྱན་ལྡན་དུ་ཀློམ་ནས་སྒོ་དུ་མ་ནས་འགོག་པར་མཛད་ཀྱང་། ད་ལྟ་ཁ་བ་ཅན་པ་ཙམ་མ་ཟད། ཤར་རྒྱ་ནག་པོ་ནས་ལྷོ་མོན་རྒྱ་གར་ཚུན་གྱི་ནང་པ་སངས་རྒྱས་པར་གཏོགས་སོ་ཅོག་ཕལ་ཆེ་བ་ཞིག་ནས་རི་ཏི་སེ་མཚལ་དུ་འགྲོ་ཞེས་ངག་ཏུའང་ཤུབ་ཤུར་སྨྲ་ཡི་ཡོད་སོགས་གསུངས་ནས་ལན་འདེབས་དགག་པ་མཛད་འདུག

ཤར་ཕྱོགས་ཀྱི་རྟ་མཆོག་ཁ་འབབ་དང་། ལྷོ་ཕྱོགས་ཀྱི་རྨ་བྱ་ཁ་འབབ། ནུབ་ཕྱོགས་ཀྱི་གླང་ཆེན་ཁ་འབབ། བྱང་ཕྱོགས་ཀྱི་སེངྒེ་ཁ་འབབ་བཅས་ཀྱི་ཆུ་འགོ་གང་དུ་ཡོད་པ་དང་། དེ་དག་བོད་ཀྱིས་གནས་གང་ནས་བརྒྱུད་འཛམ་གླིང་ས་གནས་གང་དུ་འབབ་མིན་གསལ་པོར་བཀོད་གནང་མཛད་ཡོད།

མ་དྲོས་མཚོའམ་མ་ཕམ་གཡུ་མཚོ་འདི་ལ་ཕྱག་དང་སྐོར་བ་བགྱིས་པའི་ཕན་ཡོན་ནི་འདི་ལྟར། རྒྱལ་པོ་སྲོང་བཙན་སྒམ་པོའི་གསུང་ལས། མ་ཕམ་མཚོ་ལ་ཀླུ་རྒྱལ་བྱང་ཆུབ་སེམས། ཆུ་བོ་ཡོན་ཏན་ཅན་ཡང་འདི་ན་ཡོད་ཅེས་དང་། སློབ་དཔོན་པདྨ་འབྱུང་གནས་ཀྱིས་མ་ཕམ་གཡུ་མཚོ་རྟ་ལམ་ཉིན་གཅིག་འཁོར། ཛ་ན་ཀོ་ཤའི་མཚོ་ནི་འདི་དང་འདྲ། ཡིད་གཞུང་དད་པས་སྐོར་བ་ལུས་བསྐོར་བ། སངས་རྒྱས་གཞན་ནས་བཙལ་དུ་མེད་དེ་ཐོབ། འདི་སྐོར་མཚམས་མེད་ལྔ་བྱས་བྱང་བར་འགྱུར། གཡུ་མཚོར་ཁྲུས་འཇུག་བདེ་ཆེན་མཁའ་སྤྱོད་བགྲོད་ཅེས་ཆུ་བོ་ཡོན་ཏན་སྤྱིར་མཚོ་འདི་ཉིད་ཀྱི་ཆུ་ཡན་ལག་བརྒྱད་ལྡན་པ་མ་ཟད། འདི་ཉིད་འཇུག་པ་དང་ཁྲུས་བྱས་པ་ཙམ་ཀྱིས་སྡིག་སྒྲིབ་དག་ཅིང་ངན་སོང་གི་སྒོ་ཁེག་པའི་ཕྱིར་ཡོན་ཏན་ཅན་ཞེས་འབོད་ཅིང་མཚོ་འདི་ནི་སངས་རྒྱས་བྱང་ཆུབ་སེམས་དཔའི་བྱིན་གྱིས་རླབས་པའི་མཚོ་ཁྱད་པར་ཅན་ཡིན་པར་རྒྱལ་བ་སྲས་བཅས་ཀྱིས་གསུངས་པ། འདི་ལྟར་ཡིན་པའི་ངེས་ཤེས་ཀྱིས་བསྐོར་བ་བགྱིས་ན་མཚམས་མེད་ལྔ་བྱང་བར་འགྱུར་རོ་ཞེས་དང་། འཕགས་པ་སྡུད་པ་ལས། དཔེར་ན། མ་དྲོས་མཚོ་ལ་ཀླུ་བདག་མེད་གྱུར་ན། འཛམ་བུའི་གླིང་དུ་ཆུ་ཀླུང་

འབབ་པ་ག་ལ་འགྱུར། ཆུ་ཀླུང་མེད་ན་མེ་ཏོག་འབྲས་བུ་འབྱུང་མི་འགྱུར་ཞེས་དང་། འཛམ་བུའི་གླིང་དུ་ཆུ་ཀླུང་ཇི་སྙེད་ཅིག་འབབ་ཅིང་། མེ་ཏོག་འབྲས་ལྡན་སྨན་དང་ནགས་ཚལ་སྐྱེ་བྱེད་པ། མ་དྲོས་གནས་པའི་ཀླུ་དབང་ཀླུ་བདག་ཧེན་གནས་ཏེ། དེ་ནི་ཀླུ་ཡི་བདག་པོའི་མཐུ་དཔལ་ཡིན་ཞེས་སོགས་གསུངས་སོ། །

ཕག་རི་ཇོ་མོ་ལྷ་རི།

གངས་རི་འདི་གཞིས་རྩེ་གྲོ་མོ་རྫོང་ཁོངས་བོད་འབྲུག་ས་མཚམས་ཕག་རིའི་ཤར་རྒྱུད་དུ་གནས་ཡོད། མཐོ་ཚད་རྒྱ་མཚོའི་ངོས་ལས་རྨིད་7326ཡོད། ཁམ་བུ་ཆུ་ཚན་ལ་འགྲོ་བའི་ལམ་བར་དུ་གངས་རི་གནམ་གྱི་ཀ་བ་ལྟ་བུ། རྩེ་མོ་དཀྱུང་ལ་རེག་པ། རྩ་བ་ཨིནྡྲ་ནཱི་ལའི་ཁུ་བའི་རྒྱུན་ལྟར་གྱི་རྫོ་ཆེན་མཚོ་ལ་ཐུག་པ། མུ་མཐའ་མེད་པའི་སྤང་གཤོང་བདེ་མོ་ལ་རྣམ་པར་བཀྲ་བའི་མེ་ཏོག་ཁྲ་ཆུང་སྣ་ཚོགས་ཀྱིས་བརྒྱན་པ་སོགས་མིག་ལམ་དུ་འཆར་སྐབས། སྐབས་ཤིག་དད་གུས་སྤྲོ་གསུམ་གྱི་དགའ་བ་དང་། ཇོ་མོའི་གཟི་འོད་ཀྱིས། རང་སེམས་ཉོན་མོངས་ཀྱི་དྲག་ཤུལ་ཉེ་བར་ཞི་ནས་བདེ་སྐྱིད་རྫོགས་ལྡན་གྱི་དཔལ་ལ་རོལ་བར་བྱེད། ཇོ་མོའི་ལ་གཤམ་དུ་གནས་པའི་དྭངས་ལ་ལ་མོ་ཟེར་བ་ནས་ཡར་གྱེན་འཛེག་ནས་ཉིན་གཅིག་ཙམ་ཕྱིན་ན་ཇོ་མོའི་གཤམ་འོག་ཇོ་མོ་བཀྲ་ནང་ཞེས་པར་སླེབས། གངས་རི་འདིའི་རྒྱབ་ཕྱོགས་སུ་འབྲུག་ཡུལ་གྱི་ས་ཁོངས་ཡིན་ལ་ཁོ་ཚག་ཚོས་ཀྱང་ཕག་རིའི་ཇོ་མོ་ལ་དད་གུས་བྱེད་པའི་གནས་བྱིན་ཅན་ལ་བརྩིས་ཀྱི་ཡོད།

ཕག་རི་ཞེས་པ་དེ་ལ་བརྗོད་སྲོལ་གཉིས་ཡོད་པ་སྟེ། གཅིག་ནི་ཡུལ་དེའི་ཤར་ངོས་སུ་ཕག་པའི་སྣ་འདྲ་བའི་རི་བོ་ཞིག་ཡོད་པ་དེའི་དབྱིབས་ཕག་དང་འདྲ་བས་རི་བོ་དེའི་མིང་ཡུལ་ལ་འགོད་པ་དང་། གཞན་ཞིག་ནི་དེང་པ་སྔམ་རྫོང་ཡོད་ས་དེར་རི་བོ་ཕག་པ་འདྲ་བ་ཡོད་པས་ན་ཕག་རི་རྫོང་ཞེས་ཟེར་ཞིང་དེ་ཡང་བོད་རབ་བྱུང་ལྔ་པའི་རྗེས་ཙམ་ལ་རྒྱལ་རྩེ་ཆོས་རྒྱལ་འཕགས་པ་དཔལ་བཟང་གིས་དབང་སྒྱུར་བྱེད་སྐབས་རྫོང་ཁག་མང་པོ་ཞིག་བརྩིགས་པའི་ནང་གི་གྲས་གཅིག་ཡིན་པར། རྒྱལ་བ་སྐུ་ཕྲེང་ལྔ་པས་མཛད་པའི་《དཔྱིད་ཀྱི་རྒྱལ་མོའི་གླུ་དབྱངས་》ཞེས་པའི་ལྷུགས་པར་ཤོག་གྲངས་236པར་གསལ།

ཕག་རི་ནི་རྒྱ་གར་དང་འབྲུག་ཡུལ། བལ་ཡུལ་བཅས་དང་ཐག་ཉེ་ཤོས་ཀྱི་ཡུལ་ཁྲོད་པར་ཅན་དང་། ཡུལ་ཐོག་ཕྱིར་གཏོང་ནང་འདྲེན་གྱི་རྟ་དྲིལ་ཁལ་མའི་གནའ་ལམ་གཙོ་བོ་ཡིན་པ་མ་ཟད། རི་བོ་ཏི་མ་ལ་ཡའི་རི་རྒྱུད་གངས་རི་ར་བས་བསྐོར་བའི་ཞིང་ཁམས་ཀྱི་གངས་ཆེན་གཙོ་གྲས་ཤིག་ཡིན་ནོ། གངས་རི་འདི་ཤིན་ཏུ་གཡང་གཟར་བས། ད་བར་གངས་རི་འདི་ལ་འཛེག་ཐུབ་མཁན་བྱུང་སྲོང་མེད། ཕག་རི་གྲོང་རྡལ་ནི་རྒྱ་མཚོའི་ངོས་ལས་མཐོ་ཚད་རྨིད་4600ལྷག་ཡོད་པས། འཛམ་གླིང་ཐོག་ས་བབ་མཐོ་ཤོས་ཀྱི་གྲོང་བརྡལ་ཞིག་ཡིན། ཕག་རི་ཇོ་མོའི་སྐོར་ལ་དམངས་ཁྲོད་དུ་སྒྲུང་གཏམ་དང་བརྗོད་སྲོལ་མང་པོ་འདུག ཆོས་ཕྱོགས་ཀྱི་བཞེད་སྲོལ་དུ་གངས་རི་འདི་ལ་ཇོ་མོ་ཚེ་རིང་མཆེད་ལྔའི་གཙོ་མོ་ཇོ་མོ་བཀྲ་ཤིས་ཚེ་རིང་མ་གནས་ཡོད་པས་ན་ཇོ་མོ་བཀྲ་ཤིས་ཚེ་རིང་ལ་ཡང་འབོད་སྲོལ་ཡོད། གངས་རི་འདིའི་སྲུང་མའམ་ཡུལ་ལྷ་ནི་དཀར་ཕྱོགས་སྐྱོང་བའི་བསྟན་མ་བཅུ་གཉིས་ཀྱི་ཡ་གྱལ་དཔལ་ལྡན་རྡོ་རྗེ་གཡའ་མ་སྐྱོང་ཡིན་པ་དང་། སྐུ་མདོག་ནི་འདི་ལྟར། དཔལ་ལྡན་ལྷ་རི་རྡོ་རྗེ་གཡའ་མ་སྐྱོང་། སྐུ་མདོག་སྔོན་པའི་མདོག་ཅན་ཞལ་གཅིག་ཕྱག་གཉིས་ཁྲོ་ཆགས་ཀྱི་ཉམས་འགྱུར་ཅན་ཏུས་པ་དང་རིན་པོ་ཆེ་རྒྱན་གྱིས་སྤྲས་པ། ཕྱག་གཡས་གསེར་གྱི་རལ་གྲི་དང་གཡོན་ཧྲན་ཧྲ་ཁྲག་གི་གང་བ་བསྣམས་ནས། རྐྱང་བུ་ཁ་དཀར་གྱི་སྟེང་ན་འཁྱིལ་ཤིང་བཞུགས་པ་ཞིག་ཡོད། ཡུལ་དེའི་མང་ཚོགས་དང་ཕག་རིའི་ཇོ་རྩ་དགོན་འོག་བཀྲ་ཤིས་ཆོས་སྡིངས་སོགས་ཀྱིས་ཆོས་བཟང་དུས་བཟང་ལ་ལྷ་མོ་འདི་གསོལ་གྱི་ཡོད།

མང་ཚོགས་ཀྱིས་ཕྱག་མཆོད་འབུལ་བ་དང་བསང་སྲོལ་ལྷ་རྒྱལ་གཏོང་བ། དར་ལྕིང་གཏོང་བ། རྫོ་ཡི་མཎྜལ་ཕུལ་བ་སོགས་བྱེད། ལྷག་པར་ཕག་རི་རྗེ་རྫ་དགོན་འོག་བཀྲ་ཤིས་ཆོས་སྡིངས་ཀྱི་རྫོ་མོའི་གསོལ་མཆོད་རྒྱུན་བསྐང་ནི་ཤིན་ཏུ་གྲ་རྒྱས་པོ་ཡོད་པ་སྟེ། གཤེགས་པ་སྔོན་དུ་ཡི་གེ་བརྒྱ་པ་བཟླས་ནས། མཆོད་པ་བསམ་གྱིས་མི་ཁྱབ་པ་སྣ་ཚོགས་བཤམས་དགྱེས་པའི་དམ་རྫས་འདི་འབུལ། ཁྱེད་རྣམས་མཆོད་ཅིང་དགྱེས་པར་རོལ་དམ་ཚིག་ཐུགས་དག་བསྐངས་གྱུར་ན། སྒྲུབ་ཡི་གྲོགས་མཛོད་ཅིག ཨོཾ་བཛྲ་ས་མ་ཡ་ཌཱ་ཀི་ནི། མ་མ་ཁཱ་ཁཱ་ལི་ལི་ཧ་ཧ་ཧེ་ཧེ་མཁའ་འགྲོ་མ་སྲིད་འགྲོ་མ། མཧཱ་རྡྷཱ་ལིཧ་ཁ་ཧི། མ་ཧཱ་པཉྩ་ཁ་ཧི། མཧཱ་རཀྟ་ཁ་ཧི། བཛྲ་ཌཱ་ཀི་ནི་ས་པ་རི་ཝཱ་ར་ཨི་དཾ་དཾཿ ཧཱུཾ་ཧྲཱིཾ་ཧཱུཾ། ཛ་ལིནྡྲ་ཁ་ཁ་ཧིཿ ལན་གསུམ་བརྗོད།

གོང་ཐུགས་ཀྱིས་ཨ་རྐཾ་སོགས་ཀྱིས་མཆོད། ཐུགས་ཀྱི་ནང་མཆོད་ཕུལ། དེ་ནས་བསྟོད་པ་བྱ་བ་ཕུལ་ནས། མཿ ཧྲཱིཿ ཡེ་ཤེས་དབྱིངས་ཀྱི་ཆོ་འཕྲུལ་ལས་ཤར་བའི། །བསྟན་སྐྱོང་ཆེན་མོ་རྡོ་རྗེ་གཡའ་མ་སྐྱོང་། །འཁོར་འདས་མཁའ་འགྲོ་རྡོ་རྗེ་ལོ་བསྟན་མའི། །ཚོགས་གཙོ་རབ་བརྟེན་ཁྲོ་ཆགས་ཁྱེད་ལ་བསྟོད། །དཔལ་ལྡན་འདོད་ཁམས་དབང་ཕྱུག་རེ་མ་ཏི། །སྐུ་གསུང་ཐུགས་དང་ཡོན་ཏན་འཕྲིན་ལས་བཅས། །སྒྱུ་འཕྲུལ་རྡོ་རྗེ་རོལ་པ་ལས་ཤར་མའི། །མཆེད་འཁོར་མོ་བྲན་རྒྱ་མཚོའི་ཚོགས་ལ་བསྟོད་སོགས། མང་པོ་ཐུགས་པར་བྱེད།

ཕག་རིའི་བགྲེས་སོང་གི་ངག་རྒྱུན་ལས། བོད་ཀྱི་གནས་སྤྱི་དང་འདྲ་བར། གནས་གཟིགས་ལ་ཕེབས་མཁན་ཚོས་ངེས་པར་དུ་ང་ཡིན་ཟེར་བ་མེད་ཅིང་། ལུས་ངག་ཡིད་གསུམ་ནས་ལེགས་པར་སྤྱད་དོ་ཅོག་ནི་དགེ་བར་འགྱུར། ཉེས་པ་སྤྱད་དོ་ཅོག་ནི་སྡིག་པར་འགྱུར་རོ་བསམ་སྟེ། ཁོར་ཡུག་སྲུང་སྐྱོབ་དང་གཞན་སྲོག་ཆགས་ལ་འཚེ་བ་མི་བྱེད་པ་རྒན་གཞོན་ལ་བརྩི་འཛོག དཀའ་སྡུག་མཉམ་སྤྱོད། ཕན་ཚུན་རོགས་རེས་ཁ་ཁྱུ་སེམ་པོའི་ངང་ནས་མཛལ་བ་ལས། སྐད་ངན་རྒྱག་པ་དང་། ཀི་སྒྲ་འཁྲུགས་རྩོད་སོགས་བྱས་ཆེ། དེ་ལས་བཟློག་ཏེ་གློ་བུར་དུ་རླུང་དམར་ལངས་ཤིང་། སྤྲིན་ནག་ལང་ལོང་འཁྱུར་ནས་དྲག་ཆར་དང་སེར་བས་བརྡུང་བ་སོགས་བྱེད། ཚུལ་ལྡན་གྱི་གང་ཟག་ལྷག་པར་དུ་སྐལ་ལྡན་ལས་འགྲོ་

ཡོད་ཆེ། དགུང་སྔོན་དབྱིངས་ནས་འཇའ་འོད་ཀྱི་གུར་ཁང་ཕུབ་ནས། བྱ་རྣམས་བག་ཕེབས་ཀྱི་གསུང་སྙན་སྒྲོག་པ་རི་དྭགས་སྣ་ཚོགས་ཅི་བདེར་རྒྱུ་བ་སོགས་བྱས་ནས་མཚོ་མཇལ་དང་ཇོ་མོའི་ཞལ་རས་མཇལ་བ་མ་ཟད། མཚར་སྡུག་འོད་དུ་ཆགས་པའི་ཇོ་མོ་དང་། འཇོ་སྒེག་ཉམས་འགྱུར་གྱི་མོ་བྲན་འཁོར་དང་བཅས་པ་ངོ་མཚར་ཅན་གྱི་མཐོང་སྣང་མང་དུ་མཆིས་སོགས་གསུངས་སོ། །

གཞན་ཡང་གངས་རིའི་གཤམ་གྱི་བྲག་སྟེང་ཞིག་ནས་འོ་མ་ཤེལ་ཕྲེང་ཞེས་ཁ་མདོག་འོ་མ་འདྲ་བ། རྒྱུན་པར་ཕྲེང་ཐག་ཆད་པ་ལྟ་བུའི་ཆུ་ཐིག་ལས་མི་འབབ་ཅིང་། ཡ་མཚན་ཆེ་བ་ཞིག་ལ་དེ་གར་བསང་སྤྱོས་བདུག་འཕྲུལ་ཆུ་སྦྲན་ཤང་ཤང་དུ་འབབ་པ་ཞིག་ཡོད། འཕྲུང་ན་འོ་མ་བཞིན་འཇམ་པའི་ཡན་ལག་དང་། ཚ་གདུང་སེལ་བའི་ཡན་ལག་དང་། ངད་དང་ལྡན་པ་བསུང་བའི་ཡན་ལག སྐོམ་པ་སེལ་བའི་ཡན་ལག མགོ་ན་བ་སོགས་སྒྲིབ་སྐྱོན་དག་པའི་ཡན་ལག ཁོག་ནད་མི་བྱུང་ལུས་བདེའི་ཡན་ལག་སོགས་ཡོན་ཏན་བརྒྱད་དང་ལྡན་པར་གྲགས། ད་དུང་ནུབ་ངོས་སུ་ཕྱུང་བདུད་མདའ་ཁྱུང་ཞེས་དབྱིབས་རྫ་མའི་ཆང་སྐོད་འདྲ་བའི་རི་ལྡེབས་ནས་ཁ་མདོག་ཆང་དང་འདྲ་བའི་ཆུ་སྦྲན་ཡོད་པ་དེ་ལ་སྒྲུང་གཏམ་ཐུང་ངུ་ཞིག་ཡོད་པ་སྟེ། འབྲུག་ཡུལ་དུ་གནས་ཡོད་པའི་གངས་ཆེན་ཇོ་བོ་ཕྱུང་བདུད་ཟེར་བ་དེས། ཕག་རིའི་ཇོ་མོའི་མཛེས་སྡུག་ལ་ཆོ་ལ་ཆགས་པ་རབ་ཏུ་སྐྱེ་བ་དང་ཕག་རིའི་ཇོ་མོ་ནི་ཁམ་བུའི་གངས་ཆེན་ཇོ་བོ་མོན་དཔོན་ཟེར་བ་ལ་སེམས་པ་ཆགས་ཤིང་། ཉིན་ཞིག་ཕག་རིའི་ཇོ་མོས་རྫ་མ་སྐལ་པར་འཁྱེར་ནས་ཁམ་བུའི་ཇོ་བོ་མོན་དཔོན་འཕྲད་དུ་འགྲོ་བ་ཇོ་བོ་ཕྱུང་བདུད་ཀྱིས་མཐོང་སྟེ། རབ་ཏུ་ཁྲོས་ནས་མདའ་མོ་འཕངས། མདའ་དེ་ཕག་རིའི་ཇོ་མོས་འཁྱེར་བའི་རྫ་མར་ཕོག ། རྫ་མ་ཆག་ཞིང་མདའ་མོ་རི་ལྡེབས་སུ་ཟུག འཛག་པའི་ཆང་དེ་ཆུ་རུ་གྱུར། ཆུ་དེའི་ཁ་མདོག་ཆང་དང་འདྲ་བས། དུས་ད་ལྟའང་ཁ་མདོག་ཆང་དང་འདྲ་བའི་ཆུ་སྦྲན་འདི་མཇལ་རྒྱུ་ཡོད་ལ། ཕྱུང་བདུད་མདའ་ཁྱུང་ཞེས་པའི་མིང་ཡང་གཏམ་རྒྱུད་དེ་ནས་བྱུང་པའོ། །

གཞན་ཡང་། སྤྱི་ལོ1915ལོར་དགའ་ལྡན་ཤར་རྩེ་གྲྭ་ཚང་གི་དགེ་བཤེས་ལྷ་རམས་པ་དཔལ་ལྡན་དར་ཞུ་བས་ཕྱག་བཏབ་གནང་བའི་པོ་ཏོ་དགོན་པའམ་དགའ་ལྡན་འོད་ཟེར་ཆོས་གླིང་དང་།

བྲག་ཐོག་སྣང་བསམ་གྲུབ་ཆོས་གླིང་། ཇོ་རྫ་དགོན་འོག ཀུ་ཙ་སྒྲིན་ཟམ་དགོན་དགེ་ཙ་བདེ་ཆེན་གླིང་། གྲོ་མོ་དགེ་བཤེས་རིན་པོ་ཆེ་སྐུ་ཕྲེང་དང་པོ་སྐྱབས་རྗེ་ངག་དབང་སྐལ་བཟང་མཆོག་གིས་ཕྱག་བཏབ་གནང་བའི་དུང་དགོན་བཀྲིས་ལྷུན་གྲུབ་ཅེས་དང་། བོན་གྱི་བླ་མ་གཡུ་དྲུང་སྐྱིད་ཞུ་བས་ཕྱག་བཏབ་གནང་བའི་གཡུ་དྲུང་ལྷ་སྡེ་དགོན། གྲོ་མོ་བཀའ་བརྒྱུད་དགོན་སོགས་ལོ་རྒྱུས་ཤིན་ཏུ་རིང་བའི་གནས་རྩ་ཆེན་དུ་མ་མཇལ་རྒྱུ་ཡོད། ཡིན་ནའང་ལོ་བཅུའི་ཟང་ཟིང་སྐབས་གཏོར་སྐྱོན་སོང་ཞིང་། ད་ལྟ་བཞུགས་པའི་སྐུ་གསུང་ཐུགས་རྟེན་མང་ཆེ་བ་དད་ལྡན་རྣམས་ཀྱིས་ལྷག་བསམ་ཐོལ་མེད་ཀྱིས་འབུལ་ལགས། ཕག་རིའི་ཇོ་མོའི་ལྷུན་སྟུག་གཟི་འོད་ཀྱིས་མི་སྲོག་སེམས་ཅན་ཐམས་ཅད་ལ་བྱིན་གྱིས་རླབས་ནས། ལྷ་མིའི་ལོངས་སྤྱོད་འདོད་དགུའི་གཏེར་ཆེན་བཞིན་གངས་ཆུ་དང་། གཡའ་ཆུ། ཇ་ཆུ། སྨན་ཆུ་རྣམས་རྒྱུན་ཆད་མེད་པར་ལྷུང་ལྷུང་སྙན་པའི་སྒྲ་སྒྲོག་ཅིང་འབབ་པ། རི་ཀླུང་ཚང་མ་རྩྭ་ཆུ་བཟང་ཞིང་ལོ་འབྲས་ལེགས་པ། ལུང་པའི་ཕུར་འབྲོག་ར་མང་ཞིང་ཕྱུགས་ཐོག་ཤ་ཤེས་རྒྱས་པ། དཀར་ཆུ་འོ་མའི་བང་མཛོད་ལྷ་བུ་དང་། མདའ་ཙ་ས་ཞིང་རྒྱ་ཆེ་ལ་ལོ་འབྲས་ལེགས་པ། དཀར་མོ་ནས་ཀྱི་བང་མཛོད་ལྷ་བུ། གཞན་ཡང་གངས་རི་དང་། མཚོ་དང་མཚེའུ། ནགས་ཚལ་སོགས་སྣོད་བཅུད་ཕུན་སུམ་ཚོགས་པོ་ཡོད་པས། མཁའ་ཀླུང་ལེགས་པ། ས་ཆུ་གཙང་བ། ནད་ཡམས་ཉུང་བ། རྩྭ་ཆེའི་རི་སྐྱེས་རྩྭ་སྨན་སྣ་ཚོགས་ཡོད་པ་སྟེ། གཡར་རྩྭ་དགུན་འབུ་དང་ཨ་བི་ཁ་ (སྣེ་བ་) གངས་ལྷ་མེ་ཏོག རྩྭ་དཀར། སྤང་རྒྱན་མེ་ཏོག ཏོང་ལེན། སྲོལ་ལོ་དམར་པོ། ཆུ་མ་རྩི་སོགས་དང་གཅན་གཟན་རི་དྭགས་ཀྱང་སྣ་ཚོགས་ཡོད་པ་སྟེ། དགོ་བ་དང་། གླ་བ། རྐྱང་། གནའ་བ། གཉན། གཡི། འཕྱི་བ་སོགས་དང་། འདབ་ཆགས་གོང་མོ་དང་། ངང་སེར། ཁྲུང་ཁྲུང་། སྲེག་པ། ཅུར་པ། སྦ་ར་ས། ཆུ་བྱ། ཆུ་སྐྱར་སོགས་ཅི་བདེར་གནས་ཐུབ་པའི་ཡུལ་ཁྱད་པར་ཅན་ཞིག་ཡིན་ནོ།།

གངས་ཆེན་ཇོ་བོ་མོན་དཔོན།

ཕག་རི་རྫོང་ཁོངས་ཁམ་བུ་ཆུ་ཚན་གྱི་འགྲམ་ན་གནས་ཡོད། མཐོ་ཚད་རྒྱ་མཚོའི་ངོས་ལས་སྨིད་7024ཟིན་གྱི་ཡོད། གནམ་གཤིས་ཡག་པོ་ཡོད་ཚེ་འབྲུག་ཡུལ་གྱི་གངས་ཆེན་ཇོ་བོ་ལྷུང་བདུད་ཟེར་བ་དང་། ཕག་རིའི་ཇོ་མོ་ལྷ་རི། ཁམས་བུའི་གངས་ཆེན་ཇོ་བོ་མོན་དཔོན་བཅས་ཐབ་རྡོ་བཞིན་གྲོང་ངེར་ཞལ་མཇལ་ཐུབ་ཀྱི་ཡོད་པར་གྲགས།

གངས་རི་ཤི་ཤ་སྦང་མ།

གངས་རི་ཤི་ཤ་སྦང་མ་ནི་བོད་རང་སྐྱོང་ལྗོངས་ཀྱི་གཉའ་ནང་རྫོང་ཁོངས་ཇོ་མོ་ལྷ་སྨན་ནུབ་བྱང་དུ་གནས་ཡོད། དེའི་མཐོ་ཚད་རྒྱ་མཚོའི་ངོས་ལས་སྨིད་8072ཡོད། གངས་རི་དེའི་ཉེ་འདབས་སུ་གནམ་གཤིས་གྲང་ངར་ཆེ་བའི་རྐྱེན་གྱིས་ནོར་ལུག་འཁྱུགས་ཤི་ཐེ་སླ་བ་དང་། འབྲུ་ཏོག་ཀྱང་སྦང་མ་བཞིན་ཡག་པོ་སྨི་མི་ཐུབ་པས་གངས་རིའི་མིང་ལ་ཡང་ཤི་ཤ་སྦང་མ་ཞེས་མིང་ཐོགས་པར་གྲགས།

རི་བོ་གངས་དཀར་ཤ་མེད།

བོད་ཀྱི་ལོ་རྒྱུས་སུ་དུས་རབས་བརྒྱད་པའི་ནང་སློབ་དཔོན་ཆེན་པོ་པདྨ་འབྱུང་གནས་ཀྱིས་སྟོད་མངའ་རིས་ནས་ལྷ་སའི་ཕྱོགས་སུ་ཕེབས་སྐབས་བསྟན་མ་བཅུ་གཉིས་དམ་ལ་བཏགས་ཏེ་བོད་ཀྱི་ཡུལ་ཁམས་སྐྱོང་བའི་སྲུང་མར་བསྐོས་པའི་ནང་ཚན་ལྷ་མོ་གངས་དཀར་ཤ་མེད་བྱ་བ་དེ་ཡིན། ལྷ་མོ་དེ་ཐོག་མར་སློབ་དཔོན་ལ་ཆོ་འཕྲུལ་སྣ་ཚོགས་བསྟན་ནས་གནོད་འཚེ་བྱེད་པར་འོང་བ་སློབ་དཔོན་གྱིས་བརྟུལ་སྐབས་ལྷ་མོ་དེ་མཚོ་ནང་དུ་བྲོས། སློབ་དཔོན་གྱིས་མཚོ་དེ་ལ་མཐུ་ཐུགས་མཛད་པས་མཚོ་ལང་ལོང་ཁོལ་ནས་ལྷ་མོའི་ལུས་ལ་ཤ་མེད་པའི་ཀེང་རུས་གཟུགས་ཅན་ཞིག་ཏུ་སོང་བར་ལྷ་མོ་དེ་མཚོ་ནང་ནས་ཐོན་ཏེ་བྲོས་ཕྱིན་པ་དང་། མར་སློབ་དཔོན་ལ་ཕྱི་མིག་བསྣུས་པས་སློབ་དཔོན་གྱིས་རྡོ་རྗེ་འཕངས་པས་མིག་ཡ་གཅིག་ཞར་ནས་ཡ་གཅིག་ལས་མ་ལུས་པས་ན་སློབ་དཔོན་ལ་བཟོད་པར་གསོལ་བས་དམ་ལ་བཏགས། དབང་བསྐུར་བའི་གསང་མཚན་ལ་རྡོ་རྗེ་སྤྱན་གཅིག་མ་ཞེས་གསོལ། ལྷ་མོ་དེ་གཙང་ཕྱོགས་ཤངས་ཀྱི་ལྷ་བུ་གངས་དཀར་ཞེས་འབོད་པའི་གངས་རི་དེ་ལ་གནས་པའི་ཆ་ནས་གངས་རི་དང་ལྷ་མོ་བསྡོམས་ཏེ་ཡོངས་གྲགས་སུ་ཇོ་མོ་གངས་དཀར་ཤ་མེད་ཅེས་གྲགས། ལྷ་མོ་དེ་ལ་ཞི་དྲག་གཉིས་ཡོད་པའི་ཞི་བ་ནི་སྐུ་མདོག་དཀར་མོ། ཤ་བ་བཞོན་པ། གཡས་སུ་གསེར་གྱི་ཟོར་བ་དང་གཡོན་དུ་བུམ་པ་འཛིན་པ་ཞིག་དང་། དྲག་མོ་ནི་སྐུ་མདོག་དཀར་མོ། ཤ་བ་མོ་ལ་བཞོན་པ། གཡས་སུ་ནད་རྐྱལ་དང་གཡོན་དུ་བུམ་པ་འཛིན་པ་ཞིག་ཡོད། དེ་རྒྱུད་ཀྱི་ཞིང་འབྲོག་པས་གངས་རི་དེ་ནི་ཡུལ་གྱི་གནས་རྩ་ཆེར་བརྩི་བ་དང་། ལོ་ལྟར་ཆོས་བཟང་དུས་བཟང་ལ་བསངས་མཆོད་འབུལ་བ་དང་། དར་ལྕིང་གཏོང་བ། ཕྱག་དང་བསྐོར་བ་སོགས་བྱེད། གངས་རི་དེ་ཡིས་བྱིན་གྱིས་རླབས་ནས་དེ་བརྒྱུད་ལ་རྩ་ཆུ་བཟང་བ་དང་། རི་སྐྱེས་སྤྲོག་ཆགས་མང་བ། ཕྱུགས་ཟོག་དཀར་ནག་ཤ་ཤེད་བཟང་བ། དབྱར་དུས་སུ་རི་ཕྲན་ཐམས་ཅད་ནས་ཆུ་བོ་ལྷུང་ལྷུང་འབབ་པ་དང་། རི་ཀླུང་ཕྲ་ཆུང་མེ་ཏོག་སྣ་ཚོགས་ཀྱིས་བརྒྱན་པ་སོགས་མཛེས་པོ་ཡོད་པར་འགོད།

གནོད་སྦྱིན་གངས་བཟང་།

དེ་སྣ་དཀར་རྩེ་རྫོང་དང་རྒྱལ་རྩེ་རྫོང་གི་བར་མཚམས་སུ་གནས་ཡོད། གམ་པ་ལ་ནས་རྒྱང་མཇལ་ཞུ་ཐུབ། གངས་རི་འདིའི་མཐོ་ཚད་རྒྱ་མཚོའི་ངོས་ལས་སྨིད་7191ཡོད། སྤྱིར་གངས་འཁྱགས་རི་གཤམ་བར་ཡོད་ཙང་ད་ལྟ་རྒྱུ་རྐྱེན་སྣ་ཚོགས་ཀྱིས་རྐྱེན་པས་གངས་བཞུར་ནས་རི་སྐེད་བར་སླེབས་འདུག

གསལ་ལྷ་དགོན་ལྷ་དཀར་པོ།

གསལ་ལྷ་དགོན་ལྷ་དཀར་པོ་ཞེས་པའི་གངས་རི་དེ་འབྲི་རུ་རྫོང་དང་ལྷ་རི་རྫོང་གི་ས་མཚོའི་སྤུ་གནས་ཡོད། རི་རྩེ་གཙོ་བོར་མཐོ་ཚད་རྒྱ་མཚོའི་ངོས་ལས་སྨིད་6956ཟིན་གྱི་ཡོད།

ཁ་རག་གངས་རི།

ཁ་རག་ཇོ་བོ་དང་ཇོ་མོ་གཉིས་ནི་དབུས་གཙང་གཉིས་ཀྱི་བར་མཚམས་སྣ་དཀར་རྩེ་དང་རིན་སྤུངས་རྫོང་གཉིས་ཀྱི་བར་ན་གནས་ཡོད། ཆུ་ཤུར་ཟམ་ཆེན་ནས་རྒྱང་མཐའ་ཞུ་ཐུབ། རི་བོ་འདིའི་མཐོ་ཚད་རྒྱ་མཚོའི་ངོས་ལས་རྨིད་6162ཟིན་གྱི་ཡོད། དེར་གཟར་ཞིང་བརྗིད་ཉམས་ལྡན་པའི་དབུས་སུ། དུས་བཞི་འཁོར་མ་གངས་ཀྱི་མཆོད་རྟེན་རང་གྲུབ་ཏུ་ཡོད་པ་གཉིས་ཡོད་པ་སྟེ། ཇོ་བོ་ཟེར་བ་ཞལ་ཤར་ཕྱོགས་སུ་གཏད་པ་། ཇོ་མོ་ཟེར་བ་ཞལ་ནུབ་ཏུ་ཕྱོགས་པ། ལོ་རྒྱུས་ཀྱི་དུས་རིམ་རིང་པོའི་ནང་བོད་མིས་རི་བོ་དེ་ཉིད་ནི་གནས་རྩ་ཆེན་དུ་བརྩིས་ཀྱི་ཡོད་ལ། སངས་རྒྱས་ཆོས་ལུགས་ཀྱི་བཤད་སྲོལ་དུ། ཁ་རག་ཇོ་མོ་གངས་རི་ནི་སྲིད་པ་ཆགས་པའི་ལྷ་དགུའི་ཡ་རྒྱལ། ཤར་ཁ་རག་སྟེ་ཆོས་རྒྱལ་སྲོང་བཙན་སྒམ་པོ་དང་ཁྲི་སྲོང་ལྡེའུ་བཙན་སོགས་ཀྱིས་མཆོད་པས་རྗེ་ཡི་ལྷ་དགུ་བཅུ་གསུམ་གྱི་ཡ་རྒྱལ་ཡིན། སློབ་དཔོན་པདྨ་འབྱུང་གནས་ཀྱིས་བཀའ་དང་དམ་ལ་གནས་པའི་གཏེར་སྲུང་དམ་ཅན་ཞིག་ཡིན། སློབ་དཔོན་པདྨ་འབྱུང་གནས་ཀྱིས་དབེན་གནས་ཁ་རག་ཅེས་པའི་ངེས་ཚིག་ནི། དེ་ལ་ཕྱི་ནང་གསང་

གསུམ་དུ་ཡོད། ཕྱི་ངོས་མཐོ་བས་མཁའ་རེག་ཅེས་ཀྱང་བྱ། ནང་དུ་ཀུན་ཏུ་བཟང་མོའི་རྡ་ག་ཡིན། གསང་བ་ཆོས་སྐུ་མཁའ་ལྟར་གནས་པ་ཡིན། ཐུགས་ཀྱི་གནས་མཆོག་ཙ་རི་ཏྲ་དང་མཚུངས་པ་ཁ་རག་ཤེལ་གྱི་རི་བོ་ནི་ཐོག་མར་སངས་རྒྱས་གཉིས་པ་པདྨ་འབྱུང་གནས་ཡབ་ཡུམ་གྱིས་བྱིན་གྱིས་རླབས་པ་ཕྱི་ནང་གསང་གསུམ་དུ་གསུངས་ཤིང་། ཆོས་སྐུ་ཀུན་ཏུ་བཟང་པོ། ལོངས་སྐུ་རྡོ་རྗེ་ཕག་མོ། སྤྲུལ་སྐུ་རྗེ་བཙུན་སྒྲོལ་མ་སོགས་འབུམ་ཕྲག་མཁའ་འགྲོ་འདུ་བའི་གནས་མཆོག་གོ །

གནས་དེར་ལོ་ངོ་སྟོང་གི་ལོ་རྒྱུས་ནང་བླ་མ་སྐྱེས་ཆེན་དམ་པ་མང་པོ་སྒྲུབ་པ་མཛད་ནས་མཐར་མཆོག་དང་ཐུན་མོང་གཉིས་ཀའི་དངོས་གྲུབ་ཐོབ་པ་སོགས་ཀྱི་མཛད་པ་མང་དག་ཡོད་པ་སྟེ། དེ་ལྟར་སངས་རྒྱས་གཉིས་པར་གྲགས་པ་སློབ་དཔོན་པདྨ་འབྱུང་གནས་དང་། ལོ་ཆེན་བཻ་རོ་ཙ་ན། ཕུར་པའི་སྒྲུབ་བརྙེས་ཡེ་ཤེས་མཚོ་རྒྱལ། ཚེ་ཡི་རིག་འཛིན་ཐོབ་པ་ཁ་རག་སྒོམ་ཆུང་། ནུབ་ཡུལ་རང་བྱོན་སངས་རྒྱས་ཡེ་ཤེས། རིགས་གསུམ་སྤྲུ་འཕྲུལ་གེ་སར་རྒྱལ་པོ་དཔའ་བརྟུལ་སྤྲུལ་པའི་ལྷ་དམག་དང་བཅས་པ། དཔལ་སྣ་ལོ་ཙྪ་བ། འགྲོ་བའི་མགོན་པོ་གཙང་པ་རྒྱ་རས། ཆོས་ཀྱི་རྒྱལ་པོ་རས་པ། གུང་ཐང་བླ་མ་ཞང་། འབྲུག་ཡོངས་འཛིན་འཛིགས་བྲལ་བདེ་ཆེན་གླིང་པ། ཤུག་གསེབ་རྗེ་བཙུན་ཨ་རིག་འཛིན་སྒྲོལ་མ། སྒྲུབ་ཐེ་སྤྲུལ་སྐུ། སྐུ་ཕྲེང་རིམ་བྱོན་སོགས་སྐྱེས་ཆེན་དམ་པ་གྲངས་ལས་འདས་པ་དག་གིས་ཞབས་ཀྱི་བཅགས་པ་དང་། བྱིན་གྱིས་རླབས་པའོ། ཁ་རག་གི་གྲྭ་པ་ཆེན་པོ་འདུལ་བ་འོད་དང་། ཁ་རག་གྲགས་རྒྱལ་བ། ཁ་རག་སྒོམ་ཆུང་སོགས་ཁ་རག་ཏུ་སྒྲུབ་པ་ཡུན་རིང་མཛད་ནས་བཞུགས་པས་མཚན་ལ་ཡང་ཁ་རག་ཞེས་མིང་ཐོགས། གནས་ཡིག་རྙིང་མའི་ནང་འཁོད་དོན།

དུས་རབས་བརྒྱད་པའི་ནང་སློབ་དཔོན་ཆེན་པོ་པདྨ་འབྱུང་གནས་མཆོག་སྙིགས་མའི་སེམས་ཅན་གྱི་དོན་དུ་ཡུལ་ལྷ་སྡེ་བརྒྱད་ས་བདག་ཀླུ་གཉན་ཐམས་ཅད་ཐན་དུ་འཁོད་པ་དང་། བོད་ཀྱི་ས་གཞི་བྱིན་གཞི་རབ་དགོངས་ཏེ་ཁ་རག་ཤར་བློན་པོ་མཛོད་དང་། ཁ་རག་ཕྱོ་གནམ་ཟུག་རྡོ་རྗེ་བྲག ཁ་རག་ནུབ་བདེ་ཆེན་ཛ་ཡི་ཕུག་པ། ཁ་རག་བྱང་མུན་ནག་འོད་ཟེར་ཕུག་པ། ཁ་རག་གནམ་སྐྱེས་ཅན་གྱི་བྲག་བཅས་པ་ལ་སྒྲུབ་པ་མཛད་ནས་དངོས་གྲུབ་སྣ་ཚོགས་རྙེད་པ་དང་། གཏེར་མི་འདྲ་བ་བཅུ་གཉིས་

སྲས་ནས་དབྱིངས་ཀྱི་དམ་ཅན་རྣམས་ཀྱིས་སྲུང་མ་མཛད་པ་སོགས་ཀྱི་གཏེར་ཡིག་ལས་གསལ། དེ་བཞིན་སློབ་དཔོན་མཛོད་ཀྱི་དམར་ནག་ཕྱག་པ་ལ་པདྨ་འབྱུང་གནས་རང་བྱོན་གསལ་བ་ཡོད། བྱང་ཕྱོགས་འདི་ན་ཕག་མོ་རང་བྱོན་ཡོད། ཡུམ་ཆེན་གསང་བའི་དྷ་ག་གསལ་བར་ཡོད། བདུད་རྩི་ཆུ་རྒྱུན་རྟག་ཏུ་རང་འབབ་ཡོད། མཐོ་གང་ཀླུ་ཡི་ཡུལ་དུ་བབས༔ མགོ་ལུས་བཀྲུས་པས་སྡིག་སྒྲིབ་ཐམས་ཅད་དག། འཕྲུང་བར་གྱུར་ན་དངོས་གྲུབ་རྣམ་གཉིས་ཐོབ། ཨོ་རྒྱན་ཕག་མོ་ཡི་གནས་མཆོག་ཏུ། རྡོ་རྗེ་དབྱིངས་ཀྱི་དཀྱིལ་འཁོར་གསལ་པོ་ཡོད། དེ་ཡི་ལྷོ་ནུབ་བྱེ་མ་བདེ་ས་ན། རྡོར་དབྱིངས་ཡུམ་གྱི་མཁའ་གསང་དྭན་མེ་ཡོད། ཡུམ་ཆེན་པདྨ་རྒྱས་འདྲའི་ཙ་ངོས་ལ། ཚད་ལྡན་ཐོད་པ་འདྲ་བའི་བྲག་སྟེང་དུ། རྡོ་རྗེ་ཕག་མོ་སྒྲུབ་པ་ཐྲ་བ་གཅིག།

ཁྲོ་ཞལ་ཞལ་མཐོང་བདེ་ཆེན་དངོས་གྲུབ་རྙེད། དེ་ཡི་བྲག་ལ་མཁའ་འགྲོ་རང་བྱོན་ཡོད། གྲྭ་ལྷ་ཡུམ་གྱི་དྷ་ག་ལ་ལྷ་བུ་ལ། བདེ་བ་བརྒྱུད་མཛད་བདུད་རྩི་ཆུ་རྒྱུན་ཡོད། འཕྲུང་བས་སྟོབས་སྐྱེས་གཟིར་དང་ཉམས་རྟོགས་སྐྱེས། བཀྲུས་པས་སྡིག་སྒྲིབ་མ་ལུས་དག་པར་འགྱུར། སྙིས་ཀྱིན་གསང་བའི་བྲག་ཕུག་ཆེན་པོ་ན། འཇམ་དཔལ་གཤིན་རྗེ་གཤེད་ཀྱི་རང་བྱོན་ཡོད། ཕྱི་ན་གུ་རུའི་ཞབས་རྗེས་གསལ་བ་ཡོད། སྐུ་ལ་རྡོ་བྱིན་གནས་པའི་ལྡོ་སྟབས་ན། སྣང་བ་ལྷ་རུ་གསལ་བའི་ལྷ་ཚོགས་ལ། བོད་ཁམས་སྤྱི་ལ་ཕན་པའི་ཀླུ་གཏེར་སྲས་སོགས་མང་པོ་འཁོད་ཡོད་པས། ཞིབ་པར་གཟིགས་འདོད་ན་གཏེར་ཆེན་ཡ་ཆར་ཟློན་པོས་གཏེར་ནས་སྤྱན་དྲངས་པར་གཟིགས།

གནས་ཆེན་ཁ་རག་གི་ཕྱིའི་བཀོད་པ་ནི། སློབ་དཔོན་པདྨ་འབྱུང་གནས་ཀྱི་གཏེར་ཡིག་ལས། དབེན་པའི་ཁ་རག་ཅེས་པའི་གནས་ཚུལ་ནི། ཀླུ་རྒྱལ་ཨེ་ལེའི་འདབས་ཀྱི་གདན་སྟེང་ནས༔ ལྷ་ཡི་དབང་པོ་དྷ་ག་ལྷ་བུ་མདའ། ཁ་རག་གནས་འདི་གཞལ་ཡས་ཁང་དུ་འདུག རི་རྣམས་རྒྱལ་བློན་ཚོགས་པའི་ཚུལ་དུ་གནས། བོད་ཀྱི་རི་ཆེན་འབྲུ་སྣ་ཐམས་ཅད་ནི། བློན་འབངས་འཁོར་གཡོག་གྱུར་པའི་ཚུལ་གྱིས་གནས། ཤར་སྒོར་རྟོམ་ཁྱུང་འདྲ་བའི་ཚུལ་གྱིས་གནས། སྒོ་སྲུང་ཀླུ་བདུད་ཀླུ་བཙན་འབར་བས་སྲུང་། ལྷོ་སྒོ་རལ་གྲི་འདྲ་བའི་ཚུལ་གྱིས་གནས། སྒོ་སྲུང་བཙན་རྒོད་ཙ་དར་ཅན་གྱིས་སྲུང་། ནུབ་གྱི་

གུག་འདྲ་བའི་ཚུལ་གྱིས་གནས། སྒོ་སྲུང་བདུད་བཙན་ཧ་མགྲིན་ཅན་གྱིས་སྲུང་། བྱང་སྒོ་ཕུབ་རབ་འདྲ་བའི་ཚུལ་དུ་གནས། སྒོ་སྲུང་ཀླུ་བདུད་སྦྲུལ་ཞག་ཅན་གྱིས་སྲུང་། ཤར་ཞི་བ། ལྷོ་རྒྱ་རྒྱས་པ། ནུབ་ཏུ་དབང་དང་བྱང་དུ་དྲག་པོ༔ ལས་སུ་འཕྲིན་ལས་ཐམས་ཅད་གྲུབ་པ་དང་། གཞན་དུ་སྒྲུབ་པ་ལོ་གཅིག་སྒྲུབ་པ་ལས། གནས་འདིར་ཟླ་གཅིག་སྒྲུབ་པའི་དངོས་སྒྲུབ་མྱུར་སྒྲུབ་པ་བྱས་པའི་བྱིན་རླབས་རྨིད་ན་ཅིང་གྲོལ། མཐོང་ཐོས་གྲགས་པའི་བྱང་ཆུབ་ལམ་སྟ་ཟིན། སྒྲུབ་གནས་ཀུན་ལ་སྒྲུབ་པ་རིག་པར་བགྱིས། སྒྲུབ་པ་ཚུལ་བཞིན་མ་བྱེད་དམ་འགལ་ན། གནས་བདག་བསྟན་སྲུང་རྣམས་ཀྱིས་སྙིང་ཁྲག་འཐུང༔ དམ་ཆེན་ཚུལ་བཞིན་བྱེད་པའི་རྣལ་འབྱོར་ལ༔ མཐུན་རྐྱེན་སྒྲུབ་ཅིང་ཕྱི་ནང་བར་ཆད་སེལ། ཚེ་རིང་ནད་མེད་བདེ་སྐྱིད་ཕུན་སུམ་ཚོགས༔ བདག་འདྲ་པདྨ་འབྱུང་གནས་ཀྱིས། ཕྱི་རབས་སེམས་ཅན་ལས་ཅན་གང་ཟག་དེས། དད་པ་ཧྲེན་གྱི་སྒྲུབ་གནས་ཀྱིས། གནས་དང་ལམ་ཡིག་བསྟུས་ཙམ་ཞིག སྲ་མཁྲེགས་བྲག་ལ་གཏེར་དུ་སྦས༔ ལས་ཅན་གཅིག་དང་འཕྲད་པར་ཤོག༔ ས་མ་ཡ་རྒྱ་རྒྱ༔ གཏེར་གཏོན་ཡ་ཆར་སྟོན་པོས་གཏེར་ནས་སྤྱན་དྲངས་པ་སོགས་མང་པོ་གསལ་བར་འཁོད་འདུག

ཤར་ཁ་རག་སྒྲུབ་སྡེ་དགོན་ཞེས་བཀའ་བརྒྱུད་ཀྱི་དགོན་པ་ཞིག་ཡོད་པ་འདུ་ཁང་ལྟེ་བའི་ཕུག་ཏུ་གུ་རུ་རིན་པོ་ཆེའི་སྒྲུབ་ཕུག་གཅིག་ཡོད། ཡར་ཙམ་ན་བྲག་རི་གཡང་གཟར་ཆེ་བ་ཞིག་ཡོད་པའི་འོག་ཏུ་གཤིན་རྗེའི་འཕྲང་ལམ་མམ་ཕ་མའི་དྲིན་ལན་གསོ་ཨེ་འདུག་ལྟ་བའི་བྲག་ཁུང་ཤིན་ཏུ་དམ་ཞིག་དང་། དེའི་ཕུག་ཏུ་ཨོ་རྒྱན་རིན་པོ་ཆེའི་སྒྲུབ་ཕུག་དེའི་ནང་དུ་ཨོ་རྒྱན་ཆེན་པོའི་སྐུ་རྒྱབ་ཀྱི་རྗེས་དང་། ཞབས་རྗེས་གསལ་པོ་མཇལ་རྒྱུ་ཡོད། བྲག་སྟེང་ཞིག་ན་སྔོན་བོད་དཔལ་ཞོ་གང་དང་སྐར་མ་ཞོ་ལྔ་སོགས་ནང་དུ་འཕངས་ནས་རྒྱུན་རིང་པོ་ཧྲིང་ཞེས་པའི་སྒྲ་སྙན་ཐོས་པའི་ལུགས་སྲོལ་ཡང་འདུག ཕུག་པའི་ཕྱིར་གཡོན་ངོས་སུ་བྲག་གཟར་པོ་ཞིག་ཡོད་པ་དེ་ནི་ཤམ་ཐ་ལའི་ལམ་དུ་གྲགས། བྱང་ཤར་ཕྱོགས་སུ་ཙུང་བབ་པ་ན་འབྲུག་པ་བཀའ་བརྒྱུད་ཀྱི་སྲོལ་གཏོད་འགྲོ་མགོན་གཙང་པ་རྒྱ་རས་ཡེ་ཤེས་རྡོ་རྗེ་མཆོག་གི་སྒྲུབ་ཕུག་མཇལ་རྒྱུ་ཡོད། དེའི་ནང་འགྲོ་མགོན་ཉིད་ཀྱི་ཞབས་རྗེས་གསལ་བར་མཇལ་རྒྱུ་ཡོད། དེའི་ཤར་ལྷོའི་ཕྱོགས་སུ་སྐར་ཆ་ལྔ་ཙམ་བསྐྱོད་ཚེ་ཛ་ངོས་སུ་སློབ་དཔོན་རིན་པོ་ཆེའི་སྒྲུབ

ཕུག་ཡོད། ཤར་ངོས་སུ་ཐོན་པོ་རི་ཞེས་པ་དེ་ནི་སྔར་ཆོས་རྒྱལ་སྲོང་བཙན་གྱི་བློན་པོ་མགར་སྟོང་
བཙན་སོགས་ཀྱི་བླ་རི་ཡིན་པ་གྲགས། རི་སྐྱང་ནས་མར་ཤར་ངོས་སུ་རྫོང་འཁོར་ལོ་སྐར་མ་བཅུ་ཙམ་
བབས་ན་སེར་བ་ཅན་གྱི་སྒྲུབ་ཕུག་ཅེས་པ་ཁ་རག་སྒོམ་ཆུང་གི་སྒྲུབ་གནས་བྱིན་ཅན་ཞིག་ཡོད། ཕྱིས་
ཤུག་གསེབ་རྗེ་བཙུན་རིག་འཛིན་སྒྲོལ་མ་མཆོག་གིས་བཙུན་དགོན་ཞིག་འདེབས་གནང་མཛད་པ་
བཙུན་མ་བཅུ་ཕྲག་བཞུགས་པ་དང་རྟེན་གསུམ་མང་པོ་མཇལ་རྒྱུ་ཡོད། དེ་ནས་ཅུང་ཙམ་ཕྱིན་པ་ན་
བྱམས་གྲུབ་ཅེས་པའི་དགོན་པ་དེར་གུང་ཐང་བླ་མ་ཞང་གི་ཕྱག་བཟོ་ལས་གྲུབ་པའི་མགོན་པོ་བེང་གི་སྐུ་
བརྙན་གསུང་བྱོན་མར་གྲགས་པ་མཇལ་རྒྱུ་ཡོད། དེ་ནས་ཤར་ལྷོའི་ཕྱོགས་སུ་རི་ཟུར་གཉིས་ཙམ་བཞག་
པ་ན་རི་གདོང་ཞིག་གི་སྟེང་དུ་མཁའ་འགྲོ་མཆོད་རྟེན་ཞེས་པ་ན་མཁའ་འགྲོ་འབུམ་གྱིས་བཞེངས་
པར་གྲགས་པ་མཆོད་རྟེན་ཞིག་ཡོད། དེ་རྩ་གཏོར་སོང་ནས་ད་ལྟ་མཇལ་རྒྱུ་མེད། དེའི་ཉེ་འདབས་སུ་
དགོན་ཤུལ་འགའ་ལས་མེད། ལྷོ་ངོས་སུ་བསྐྱོད་ཚེ་སྤོན་གླིང་གི་སར་རྒྱལ་པོས་གྲུ་གུ་གོ་རྫོང་ཕབ་སྐབས་
བདུད་རི་ཞིག་རི་ནས་རྒྱུག་ཡོང་བས་དེའི་སྣ་འགག་བྱེད་དུ་བཞེངས་པར་གྲགས་པའི་སྣ་འགག་མའི་
མཆོད་རྟེན་ཞེས་པ་དེ་ད་ལྟ་རྒྱལ་བའི་བཤེས་གཉེན་མ་ནི་བསྟན་འཛིན་གྲགས་པ་མཆོག་ནས་བསྐྱར་
བཞེངས་མཛད་འདུག དེ་ནས་ལྷོ་ཕྱོགས་སུ་རྣམ་སྒྲོལ་གླིང་ཞེས་པའི་དགོན་པ་མཇལ་རྒྱུ་ཡོད། དགོན་
པ་དེ་ནི་དུས་རབས་བཅུ་དགུའི་ནང་འབྲུག་པ་ཡོངས་འཛིན་རིན་པོ་ཆེས་བཞེངས་པར་གྲགས། རིག་
གསར་ལས་འགྱུལ་ནང་གཏོར་སྐྱོན་སོང་རྗེས་འབྲུག་པ་ཡོངས་འཛིན་སྲས་མོས་གཙོ་བོ་གནང་བཞིན་
དང་ལྡན་མང་ཚོགས་ཀྱི་རོགས་འདེགས་ཀྱིས་བསྐྱར་བཞེངས་གནང་ནས་གྲྭ་པ་བདུན་བརྒྱད་ཙམ་
ཡོད་པས་རྒྱུན་ལྡན་ཆོས་ཀྱི་ཚོ་ག་གནང་བཞིན་ཡོད། ཤར་ལྷོའི་གནས་རྣམས་མཇལ་ནས་ལྷོ་ནུབ་ཏུ་
གཏེར་ཡིག་འདི་ལྟར། དེ་ཡི་ལྷོ་ནུབ་བྱེ་མ་བདེ་ས་ན༔ ཇོར་དབྱིངས་ཡུམ་གྱི་མཁའ་བསང་དྭན་མེ་ཡོད་
ཅེས་སོགས་དང་། བྲག་ལ་མཁའ་འགྲོ་རང་བྱོན་བདུད་རྩི་ཆུ་རྒྱུན་འཁྱུང་བའི་ལས་སྟོབས་སྐྱེས་ཤིང་
ཟེར་དང་ཉམས་རྟོགས་སྐྱེས། ཁྲུས་པས་སྡིག་དག་ནད་གདོན་བར་ཆད་ཞི༔ སྐྱིད་རྐྱེན་གསང་བའི་བྲག་
ཕུག་ཆེན་པོ་ན༔ འཇམ་དཔལ་གཤིན་རྗེ་གཤེད་ཀྱི་རང་བྱོན་ཡོད། ཕྱི་ན་གུ་རུའི་ཞབས་རྗེས་གསལ་བ་

ཡོད༔ ནུབ་ཕྱོགས་བདེ་ཆེན་གྱི་མ་ཛ་ཕུག་ཏུ༔ རྟ་མགྲིན་དབང་གི་ལྷ་ཚོགས་རང་བྱོན་ཡོད༔ ཁ་རག་ནུབ་ཕྱོགས་མཆོད་རྟེན་དཀར་པོའི་འགྲམ། མ་མོ་དབང་འདུས་སྒྲུབ་པ་ཞག་ལྔ་མཛད༔ བྲག་ལ་སྤྲུལ་པའི་ཕྱག་རྗེས་གསལ་བ་ཡོད༔ ཅེས་སོགས་མང་པོ་འཁོད་འདུག དེ་ནས་ཤར་ལྷོའི་ཕྱོགས་སུ་རྣམ་གྲོལ་གླིང་དགོན་པ་མཇལ་བ་དང་། ཀུ་མཐུད་ཤར་ལྷོ་ཕྱོགས་སུ་བྲག་ས་གཅིག་ལྷག་སོང་བ་ན་མཚོ་མཇལ་ཁག་གཉིས་ནས་ལྷ་མཚོ་ཞེས་པ་ན་གང་ཟག་སོ་སོའི་སྨིན་ལམ་དུ་མཐོང་སྣང་མི་འདྲ་བ་སྣ་ཚོགས་མཇལ་ཐུབ་དེ་མིན་མཚོ་རྒྱལ་ཕུག་དང་། སློབ་དཔོན་པདྨ་འབྱུང་གནས་ཀྱི་སྒྲུབ་ཕུག ལ་རྒྱབ་སྟེ་ནུབ་ཕྱོགས་སུ་བསྐྱོད་ཚེ་འོད་གསལ་གླིང་ཞེས་ཨོ་རྒྱན་གྱི་སྒྲུབ་ཕུག་དང་ཕྱག་མཁར་བརྩིགས་ཤུལ་སྐར་ཁུང་ལྟ་བུ་དང་། སྐུ་བརྙན་སོགས་མང་པོ་མཇལ་རྒྱུ་ཡོད། དེ་ནས་མཁའ་འགྲོ་འབུམ་གྱིས་བཞེངས་པར་གྲགས་པའི་འབུམ་དཀར་མཆོད་རྟེན་དང་། བཙུན་མའི་དགོན། སློབ་དཔོན་པདྨ་འབྱུང་གནས་ཀྱི་ཞབས་རྗེས། འདུ་ཁང་ཕུག་ཏུ་རྡོ་ཕ་བོང་སྟེང་དུ་སངས་རྒྱས་འོད་དཔག་མེད་ཀྱི་རང་བྱོན་ས་ག་ཟླ་བའི་ནང་དུ་དབུ་ཐོད་ནས་བདུད་རྩི་འབབ་པ་ངོ་མཚར་ཅན་སོགས་མཇལ་རྒྱུ་མང་པོ་ཡོད། བསྐོར་ལམ་དུ་རྩེ་མོ་མཁའ་ལ་རེག་པའི་གངས་རི་དང་། ཛ་རི་སྤང་རི་གངས་ཆུ་དང་། ཛ་ཆུ་ལྷུང་ལྷུང་སྐད་སྙན་གྲོགས་ཤིང་འབབ་པ། ཁ་མདོག་སྣ་ཚོགས་ཀྱི་རྩི་ཤིང་མེ་ཏོག་དང་། རྩ་ཆེའི་སྨན་རིགས་གཡའ་སྤྱི་རིལ་དང་། དབྱར་རྩྭ་དགུན་འབུ། སྤོ་ལོ་དམར་པོ་གངས་ལྷ་མེ་ཏོག་སོགས་སྣ་ཚོགས་དྲི་བསུང་ཕྱོགས་མཚམས་ཀུན་ཏུ་འཐུལ་བ། གཡུ་ཡི་མཎྜལ་ལྟ་བུའི་མཚོ་དང་མཚོའུ་བརྒྱ་ཕྲག་མང་པོ། འགའ་རེ་མཚོའུ་ནང་དུ་བྲག་རི་ཡ་མཚན་ཅན་གི་རང་གཟུགས་ཤར་བ། སྲོག་ཆགས་གླ་བ་དང་ན་བ་རི་བོང་སོགས་བག་ཡངས་སུ་རྒྱུ་བ། བྱ་དང་བྱིའུ་རིགས་སྣ་ཚོགས་གསུང་སྙན་སྒྲོགས་བཞིན་ཅི་བདེར་གནས་པ་སོགས་ལྟ་ན་སྡུག་པའི་མཛེས་ལྗོངས་ལྷ་ཡུལ་ས་ལ་འཕོས་པ་ལྟ་བུ་ཡོད།

དམངས་ཁྲོད་དུ་ཁ་རག་ཇོ་བོ་དང་ཇོ་མོ་གཉིས་ཀྱི་སྐོར་བརྗོད་སྲོལ་མང་པོ་ཡོད། ཕྱར་ཇོ་བོ་དང་ཇོ་མོ་གཉིས་འཇིག་རྟེན་མི་ཡུལ་དུ་བཟའ་འཚོ་ཡིན་པ་དང་། ལོ་ཞིག་གི་དགུན་ཁར་ཁ་བ་ཆེན་པོ་འབབ་ནས་ཇོ་མོའི་རྩེ་མོ་ཙུང་ཙམ་མཐོ་བས་ཇོ་བོས་མིག་སེར་བརྒྱབ་སྟེ། ཁྱིད་ང་ལ་མ་བལྟ་བར་

གནོད་བྱེན་གདངས་བཟང་ལ་ལྟ་བ་མིན་ན་གང་ཡིན་ཞེས་ཇོ་མོའི་འགྲམ་པར་ཁུ་ཚུར་བྲུས་པས། དུས་དེ་ནས་བཟུང་ཇོ་མོ་རབ་ཏུ་ཁྲོས་ནས་ཞལ་ནུབ་ཕྱོགས་སུ་བསྒྱུར་ཏོ་ཞེས་དང་། ཡང་ནུབ་ཕྱོགས་པར་ཐང་ཁུལ་གྱི་བུད་མེད་རྣམས་བཞིན་བཟང་མཛངས་མའི་ཉམས་འགྱུར་ལྡན་པ་དེ་དག་ཇོ་མོའི་བྱིན་རླབས་དང་། ཇོ་བོ་ཞལ་ཤར་ལ་ཕྱོགས་པས་དེ་བརྒྱུད་ཀྱི་སྐྱེས་པ་རྣམས་དཔའ་ཉམས་ལྡན་པ་དང་། མི་སྲུས་དག་པ་ནི་ཇོ་བོས་བྱིན་གྱིས་རླབས་པ་ཡིན་སོགས་སྙན་འཛེབས་ལྡན་པའི་གཏམ་རྒྱུད་མང་པོ་འདུག་གོ །

སྨིལ་ལོ་ལ་སྟ་དཀར་རྩེ་རྫོང་ཁོངས་ཀྱི་ཁ་རག་ཤར་དང་། རིན་སྤུངས་རྫོང་ཁོངས་ཀྱི་ཁ་རག་ནུབ་པར་ཐང་གཡག་སྡེ་སོགས་ཀྱིས་གནས་སྐོར་ཚོགས་མཆོད་ཕུལ་བ་དང་། ཕྱག་སྐོར་བྱེད་ཅིང་ཞག་སྡོད་བྱེད་པ་དང་། སྐོར་གཞས་རྒྱག་པ་འཁྲུག་ཆ་འདོད་པོ་ཡོད། དེ་ནས་ཁ་རག་བྱང་ཕྱོགས་སུ་བྲག་ས་གཉིས་ཙམ་བསྐྱོད་དེ་ཇོ་མོ་བྲོ་ས་ཞེས་མཁའ་འགྲོ་བྲོ་གར་འཁྲབ་སའི་གནས་དང་། མཁའ་འགྲོ་བྱེ་བ་འབུམ་གྱི་ཚོགས་ཁང་ཞེས་བྲག་ཕུག་ཆེན་པོ་ཞིག་གི་མདུན་དུ་མཁའ་འགྲོའི་ཚོགས་གཞོང་། ཨོ་རྒྱན་རིན་པོ་ཆེའི་སྒྲུབ་ཕུག་དང་། བཻ་རོ་ཙ་ནའི་སྒྲུབ་ཕུག་སོགས་མཇལ་ནས་ཕྱི་ཉིན་ལ་དཀྱིལ་ལ་ཞེས་པའི་སྒང་དུ་བསང་ཕུལ་རྗེས། ཉིན་དཀྱུང་ཙམ་ན་ཁ་རག་ཤར་འཁམ་སྒྲུབ་སྡེ་དགོན་དུ་འབྱོར་ཐུབ།

ཐར་བསང་མཆོད་ཕུལ་སྐབས་བསང་ཡིག་རྙིང་པ་ལྟར་གྱིས་ཚིག་འདི་ལྟར་ཕུལ་སྲོལ་ཡོད། ཁྱུང་བཙུན་མའི་གསང་མཆོད་བཞུགས༔ བ་ལུ་ཤུག་པ་འཁན་པ་དང་། ཙན་ལྡན་ཕྱེ་མ་ལ་སོགས་པར༔ དཀར་གསུམ་དམར་གསུམ་ཚོས་སྨན་བཅས༔ སྦྱར་ནས་དུད་པའི་ཤུག་པ་བསྐྱེར༔ གླིང་གི་གླིང་མཆོག་འཛམ་བུའི་གླིང༔ འཛམ་གླིང་བྱང་ཕྱོགས་བོད་ཀྱི་ཡུལ༔ དབུས་གཙང་གི་མདོ་འགག་ན༔ བཀྲ་ཤིས་བྱིན་ཆགས་ཁ་རག་རི༔ ཤེལ་གྱི་མཆོད་རྟེན་སྤུངས་འདྲའི་རྩེར༔ སྤྲིན་གྱི་ན་བུན་མགུལ་ནས་འཁྱུད༔ སེང་གེ་མང་པོ་འཚོ་ཞིང་འགྱིང༔ སེང་ཕྲུག་རྣམས་ཀྱང་རྩེད་འཛོར་རོལ༔ བར་ན་རྫ་སྤང་ནགས་ཚལ་ན༔ བུང་བ་མང་པོ་གར་སྟབས་ཅན༔ འཕུར་ལྡིང་གཡོ་ཞིང་གསེར་གཡུའི་མདོག༔ ངོམ་ཞིང་མེ་ཏོག་བཅུད་ལ་བརྟེན༔ བྱ་བྱིའུ་མང་པོ་གསོག་རྩལ་འགྱུར༔ སྙན་པའི་གསུང་དབྱངས་ཅི་ཡང་ལེན༔ རི་དྭགས་མང་པོ་བག་ཡེངས་ཤིང༔ བྲོ་བརྡུང་སྟ་ཚོགས་ཤ་ར་ར༔ ས་གཞི་ཡིད་འོང་འབྲུ་འབྲས་ཀྱི། སྐྱེ་རྒུ་

བདེ་བའི་དཔལ་ལ་སྤྱོད། དེ་འདྲའི་སྤྲུལ་པའི་གནས་མཆོག་ནཿ མཁའ་འགྲོ་ཡོངས་ཀྱི་རྗེ་མོ་སྟེཿ རྣལ་འབྱོར་རྣམས་ཀྱི་སྒྲུབ་རྟེན་མཿ ཁྲུང་བཙུན་རྡོ་རྗེ་དཔལ་གྱི་ཡུམཿ མཁའ་ལྡིང་རིན་ཆེན་ཁྲུང་ལ་ཆིབསཿ དབུ་ལ་རིན་ཆེན་སྤྱིག་ཞུས་མཚནཿ རིན་ཆེན་རུས་རྒྱན་སྣ་ཚོགས་དངཿ རྨ་བྱའི་སྒྲོ་ཡི་ཐུལ་བ་གསོལཿ ཕྱག་གཡས་དབང་གི་ཌ་མ་རུའིཿ སྒྲ་ཙམ་ཐོས་པས་སྣང་སྲིད་འདརཿ གཡོན་པས་གསལ་བའི་མེ་ལོང་ནངཿ སྲིད་པ་གསུམ་གྱི་སྲོག་ལེན་ནིཿ ཨ་སུ་ཟྀ་ཧྲི་གྲི་དུ་གསལཿ གང་ལ་དམིགས་པ་སྐད་ཅིག་ལཿ རང་དབང་མེད་པར་དབང་དུ་འདུསཿ འཁོར་དུ་བསྟན་སྐྱོང་མ་མོའི་ཚོགསཿ སྣང་སྲིད་མ་དང་མཁའ་འགྲོས་བསྐོརཿ སེལ་སྙན་རོལ་མོ་སྒྲ་རྣམས་དངཿ པི་ཝང་གླིང་བུ་ཌ་མ་རུཿ གླུ་དང་དབྱངས་དང་གར་དང་བཅསཿ མཛེས་པའི་རྣམ་འགྱུར་ངོམ་བཞིན་དུཿ འདིར་བྱོན་བསང་གི་མཆོད་པ་བཞེསཿ ཤིང་མཆོག་ཙན་དན་དུད་པས་བསངཿ སྨན་མཆོག་ཨ་རུའི་དངད་ཀྱི་བསངཿ དྲི་མཆོག་དུ་རུ་ཀ་ཡིས་བསངཿ མཆོག་གསུམ་དུད་པས་ཉམས་གྲིབ་བསངཿ བ་ལུ་ལྷ་ཡི་ཡོས་ཀྱིས་བསངཿ ཤུག་པ་གཡུ་མདོག་འབར་བའི་བསངཿ འཁན་པ་རྩེ་བཟང་དྲི་ཡི་བསངཿ གྲིབ་ཀྱིས་གནོན་པ་བསངས་གྱུར་ཅིགཿ བསང་ངོ་མཁའ་འགྲོ་ཁྲུང་བཙུན་མཿ གསོལ་ལོ་རྡོ་རྗེ་དཔལ་གྱི་ཡུམཿ མཆོད་དོ་དབང་མཛད་དཔལ་ལྷ་མོཿ བསྟོད་དོ་དབུ་འཕང་སྲིད་རྩེར་བསྒྲེངསཿ བདག་དང་རྣལ་འབྱོར་འཁོར་བཅས་ལཿ ཉིན་གྱི་བྱ་ར་མ་གཡེལ་ལཿ མཚན་གྱི་མེལ་ཚེ་མ་གཡེལ་ཅིགཿ མུན་པས་འཐུམ་ན་སྒྲོན་མེ་སྤོརཿ ལེགས་པ་འདུམ་ཕྲག་མཆིས་ཀྱང་སྤྱོསཿ ཉེས་པ་སྣ་གཅིག་འདུག་ཀྱང་སྐྱུརཿ ལུས་དང་གྲིབ་བཞིན་མི་བྲལ་བརཿ རྟག་པར་གཡེལ་མེད་སྲུང་སྐྱོབ་མཛོདཿ ཀི་ཀི་སྭོ་སྭོ་ལྷ་རྒྱལ་ལོཿ ཞེས་པ་འཇིགས་བྲལ་བདེ་ཆེན་གླིང་པས་སྦྱར་བའོ། །

ཁ་རག་གནས་སྐོར་གྱི་ཕན་ཡོན་ནི། གཙོ་བོ་དད་སེམས་ཆེན་པོས་གནས་སྐོར་གནང་ཚེ་ཕན་ཡོན་ཡོད་པ་སྨོས་མི་དགོས། སངས་རྒྱས་གཉིས་པ་པདྨ་འབྱུང་གནས་ཀྱིས་མཛད་པའི་ཁ་རག་གནས་ཡིག་ཡ་ཆན་སྔོན་མོ་གཏེར་མ་ལས་སངས་རྒྱས་ཉིད་ཀྱི་ཇི་ལྟར་བྱིན་གྱིས་བརླབས་པ་བཀོད་པ་དང་། དེར་རྗེ་འགྲོ་མགོན་གཙང་པ་རྒྱ་རས་ཀྱིས་གནས་སྒོ་ཕྱོག་མར་ཕྱེ་ནས། གནས་ཆེན་ཙ་རི་ཏྲ་དང་ཁྱད་མེད་པར་གསུངས། ལྷག་པར་སྤྲེལ་ལོ་ཁ་རག་གནས་འདུས་སྐབས་སུ་བསྐོར་གཅིག་བྱས་ན་ཕན་ཡོན་

བསམ་གྱིས་མི་ཁྱབ། གཞན་དུ་སྒྲུབ་པ་ལོ་གཅིག་སྒྲུབ་པ་ལས། གནས་འདིར་ཟླ་གཅིག་སྒྲུབ་པས་དངོས་གྲུབ་མྱུར་བ་སོགས་ཕན་ཡོན་ཤིན་ཏུ་ཆེའོ། །

གངས་རི་ཡར་ལྷ་ཤམ་པོ།

ལྷུན་སྡུག་གངས་རི་ཡར་ལྷ་ཤམ་པོ་ནི་བོད་ཀྱི་ལོ་རྒྱུས་དེབ་ཐེར་དུ་ཡོངས་སུ་གྲགས་པའི་བོད་ཀྱི་འགྲོ་བ་མི་ཡི་འབྱུང་ཡུལ་དང་། བོད་ཀྱི་བཙན་པོའི་རྒྱལ་རྒྱུད་ཀྱི་འབྱུང་རྩ། བོད་རྒྱལ་དང་པོ་གཉའ་ཁྲི་བཙན་པོ་ཐོག་མར་བྱོན་སའི་ཡུལ་མཁར་གྱི་ཐོག་མ་ཡུམ་བུ་བླ་སྒང་དང་། དགོན་གྱི་ཐོག་མ་བསམ་ཡས་མི་འགྱུར་ལྷུན་གྱིས་གྲུབ་པའི་གཙུག་ལག་ཁང་བཞུགས་སའི་གནས། རབ་བྱུང་གི་དང་པོ་སད་མི་བདུན་གྱི་བྱུང་ཡུལ། རང་རིགས་མེས་པོ་འབྱུང་བའི་གནས་མཆོག། ཆོས་རྒྱལ་རྣམས་ཀྱི་སྐུ་དུས་སུ་སྔོབས་འབྱོར་མངའ་ཐང་རྒྱས་ཤིང་སྙན་པའི་གྲགས་པ་སྲིད་གསུམ་ན་གཡོ་བའི་གནས་ཁྱད་པར་ཅན། སྨོད་བཙུད་ཕུན་སུམ་ཚོགས་པའི་ཡུལ་ལ་ཐུ་བ་ལྷོ་ཁ་ཞེས་གྲགས་པའི་ཡར་ལུང་སྨོད་ཀྱི་ཆ་ན་གནས་ཡོད།

གངས་རི་འདིའི་མཐའ་འཁོར་ན་ཤར་ཆུ་གསུམ་རྫོང་། ལྷོ་ལྷུན་རྩེ་རྫོང་། ནུབ་མཚོ་སྨད་རྫོང་།

བྱང་སྣེ་གདོང་རྫོང་ཁོངས་ཡར་ལུང་བྱ་བ་ཡོད། ཡར་ལྷ་ཤམ་པོ་དེ་ཉིད་སངས་རྒྱས་ཆོས་ལུགས་ཀྱི་བཞེད་སྲོལ་དུ། འཕགས་པ་སྤྱན་རས་གཟིགས་འགྲོ་བའི་དོན་དུ་ལྷ་དབང་ཕྱུག་ཆེན་པོའི་རྣམ་པར་སྤྲུལ་པ་དེ་དག་གི་ཕོ་བྲང་དང་བཅས་པ་གངས་རི་དེ་ལ་གནས་ཡོད་པས་གངས་རིའི་མིང་ལའང་ཡར་ལྷ་ཤམ་པོ་ཞེས་འབོད། ཡར་ཞེས་པའི་གོ་དོན་ནི་བོད་མིའི་འབྱུང་ཁུངས་སུ་ཡ་སྤྲེལ་ཐན་བྱང་ཆུབ་སེམས་དཔའ་དང་། མ་སྲིན་མོ་བྲག་སྲིན་མའི་སྐབས། བོད་ཁ་བ་ཅན་དུ་སྤྲེལ་གྱིས་ཞིང་དང་པོ་འདེབས་པའི་ལོ་རྒྱུས་ཡོད་པ་ན་དུས་དེ་ནས་བཟུང་མུ་གེ་ནམ་མཁར་ཡར་བས། ཡར་ལུང་ཞེས་ཡུལ་ལ་མིང་ཆགས་ཞིང་། ལྷ་ཞེས་ཡུལ་ལྷ་དང་སྲུང་མར་བཀུར། ཤམ་པོ་ཞེས་བདེ་འབྱུང་གི་སྐད་དོད་ཡིན། ཡར་ལྷ་ཤམ་པོའི་ཆ་སྙོམས་ཀྱི་མཐོ་ཚད་ནི་རྒྱ་མཚོའི་ངོས་ལས་སྨིད་6000ཙམ་ཡོད། མཐོ་ཚད་སྨིད་གསུམ་སྟོང་ཡན་གྱི་རི་ཕྲན་རྩེ་མོ་བཞི་བཅུར་ཉེ་བའི་དཀྱིལ་དབུས་ནས། གཟེངས་སུ་མཐོན་པ་དེ་ནི་གངས་རིའི་རྩེ་མོ་མཐོ་ཤོས་མ་མ་བུ་ཆུང་ཞེས་པ་དེ་ཡི་མཐོ་ཚད་རྒྱ་མཚོའི་ངོས་ལས་སྨིད་6647ཡོད། ལྡོ་ཡི་སྔོན་པོ་སྐེ་རིང་ཞེས་པ་དེའི་མཐོ་ཚད་རྒྱ་མཚོའི་ངོས་ལས་སྨིད་6578ཡོད་ལ། ནུབ་ཀྱི་དམན་ཆུང་གངས་བཟང་ཞེས་དེའི་མཐོ་ཚད་རྒྱ་མཚོའི་ངོས་ལས་སྨིད་6100ཡོད། བྱང་གི་མགར་བ་ནག་པོ་ཞེས་པ་དེའི་མཐོ་ཚད་རྒྱ་མཚོའི་ངོས་ལས་སྨིད་6281ཡོད་པ་དེ་ཡིན།

ཡར་ལྷ་ཤམ་པོ་ནི་བོད་ཀྱི་གངས་ཆེན་བཞི་དང་། བརྒྱད་དུ་གྲགས་པའི་ཡ་གྱལ་ཡིན་པ་མ་ཟད། རི་བོ་ཏི་ས་ལ་ཡའི་རི་རྒྱུད་ཀྱི་གངས་རི་གྲགས་ཅན་གྱི་གཙོ་གྲས་ཤིག་ཀྱང་ཡིན། གནས་དེའི་ཁོ་ར་ཁོར་ཡུག་གི་ཟུ་དང་། གཡའ། སྤང་། བྲག་སོགས་ཀྱི་མཚམས་ཤིན་ཏུ་དབེན་པའི་རི་ཁྲོད་དང་། དགོན་པ། ངོ་མཚར་ཅན་གྱི་རང་བྱོན་ལ་སོགས་པ་མང་པོ་མཇལ་རྒྱུ་ཡོད། དེ་དག་ལས་སངས་རྒྱས་གཉིས་པར་གྲགས་པའི་སློབ་དཔོན་པདྨ་འབྱུང་གནས་ཀྱིས་ཞབས་ཀྱིས་བཅགས་ཤིང་། འདུལ་བྱར་གྱུར་པའི་འགྲོ་བ་ཀུན། རྟོག་དཔྱོད་ཀྱི་ཁ་ལོ་ཆོས་ལ་བསྒྱུར་ཞིང་ཕྱིན་ཅི་མ་ལོག་ལམ་ལ་བཀོད་གནང་མཛད། རྒྱུད་མ་སྨིན་ན་དབང་གིས་སྨིན་ན་པར་མཛད། མ་གྲོལ་ཐབས་ཀྱིས་གྲོལ་བར་མཛད་དོ། གཞན་ཡང་ལམ་མ་ནོར་རྒྱུད་ལ་སྐྱེས་པ། གསང་སྔགས་ཐབས་ལམ་གནས་ལུགས་ལ་ཕྱུག་པ། ལམ་གོང་ནས་འོག་

ཏུ་འཕྲུལ་བ་མེད་པ། བསྟན་པ་དང་སེམས་ཅན་ལ་ཕན་ཐོགས་པའི་རང་གྲོལ་གྱི་རྣལ་འབྱོར་བ། རྗེ་
བཙུན་མི་ལ་རས་པའི་རྡོ་རྗེའི་དངོས་སློབ་རས་ཆུང་རྡོ་རྗེ་གྲགས་པ་དང་། འབྲོག་མི་དཔལ་གྱི་ཡེ་ཤེས།
ཕ་དམ་པ་སངས་རྒྱས། རྒྱ་གར་གྱི་སྒྲུབ་ཆེན་ལྷ་ས་ཉང་བྲན་ཕུ་ཡི་མོ་དགོན་གར་རི་དགོན་པ་ཕུག་
འདེབས་མཛད་པ་པོ། མཐུ་སྟོབས་དབང་ཕྱུག་ར་ལོ་རྡོ་བ། རྒྱལ་བ་གཡའ་བཟང་པ། རིག་འཛིན་ཀུ་མཱ་
རཱ་ཛ། མ་ཅིག་ལབ་ཀྱི་སྒྲོན་མ། གངས་པ་ཐོད་སྨྱོན་བསམ་གྲུབ་སོགས་སྒྲུབ་ཆེན་དུ་མ་རྩེ་གཅིག་བསྒོམས་
སྒྲུབ་མཛད་ནས། ས་ལམ་ཉམས་རྟོགས་ཀྱི་ཡོན་ཏན་ཁྱད་པར་ཐུགས་ལ་འཁྲུངས་ནས། མཐར་རླུང་
སེམས་གཉིས་ལ་རང་དབང་ཐོབ་པའི་གནས་བྱིན་ཅན་ཞིག་ཡིན་ནོ། གངས་ཆེན་ཡར་ལྷ་ཤམ་པོའི་
སྐོར་ལོ་རྒྱུས་དེབ་ཐེར་དང་། ཆོས་ལུགས་ཀྱི་བཞེད་སྲོལ་ཡུལ་མིའི་ངག་རྒྱུན་སོགས་སྣ་འཛེབས་ལྡན་
པ་མང་པོ་ཡོད། ཆོས་ལུགས་ཀྱི་བཞེད་སྲོལ་དུ་ཡར་ལྷ་ཤམ་པོ་དེ་ཉིད་སྲིད་པའི་ལྷ་དགུ་ཡི་ཡ་གྱལ་
དང་། བོད་རྗེ་སྲོང་བཙན་སྒམ་པོ་དང་། ཁྲི་སྲོང་ལྡེ་བཙན་སོགས་ཀྱི་བརྟེན་པའི་སྲུང་མ་བཅུ་གསུམ་
གྱི་ཡ་རྒྱལ་དུ་གྱུར་པ། དེ་ཡི་སྐུ་ཡི་ཆ་ལུགས་དང་། ཕོ་བྲང་གི་བཀོད་པ་སོགས་ལོ་རྒྱུས་ལ་འཁོད་པ་
འདི་ལྟར། གངས་དཀར་གྱི་རི་བོ། ཆེས་མཐོ་བའི་རྩེ་མོ་མཁའ་ལ་བསྣེགས་པ། ཁོར་ཡུག་གི་སྟེང་ཐམས་
ཅད་གངས་རིའི་ཕྲེང་བ། བར་རྣམས་གཡའ་ཆུ་བསིལ་མ། སྨད་ཆར་སྤང་ལྗོངས་ནགས་ཚལ་མེ་ཏོག་
རྣམ་པར་བཀྲ་བ་མཛེས་ཤིང་ཡིད་དུ་འོང་བའི་ལྗོངས་ཆེན་མོའི་དབུས་སུ། ཧཱུྃ་ལས་བྱུང་བའི་ཤེལ་
དཀར་གྱི་རྩིག་པ་ལ་རིན་པོ་ཆེ་སྣ་ཚོགས་ཀྱི་ཁ་བད་དང་ཕྲ་ཚོམས་ཀྱིས་རབ་ཏུ་མཛེས་པར་བྱས་པའི་
ཕོ་བྲང་བརྗིད་ཆགས་ཤིང་། ཁོར་ཡུག་སྒོ་རྩིག་ལྕགས་རི་ཁང་བརྩེགས་ཀྱི་རྣམ་པར་བསྐོར་བའི་དབུས་
སུ། པཾ་ལས་པདྨ་དང་། རཾ་ལས་ཉི་མ། དགྲ་བགེགས་ཕོ་མོ་གན་རྐྱལ་ཁ་སྦུབ་ཏུ་བསྒྱེལ་བའི་སྟེང་དུ་ཏྲི་
དཀར་པོ་ཡོངས་སུ་གྱུར་པ་ལས། སྲིད་པའི་ལྷ་རབ། ཤམ་པོ་ནི་སྐུ་མདོག་ཤེལ་གྱི་རི་བོ་ལ་ཉི་མ་ཤར་བ་
ལྟར་གསལ་ཞིང་དྭངས་པ། ཞལ་གཅིག་ཕྱག་གཉིས། ཁྲོས་པའི་རྣམ་པ་ཅན། ཞལ་གདངས་ཤིང་མཆེ་བ་
གཙིགས་པ། སྤྱན་གསུམ་དམར་ལ་ཟླུམ་པ། སྨ་ར་དང་སྨིད་ན་མ་དམར་སེར་འབར་བ། དབུ་སྐྲ་རལ་པ་
ཁམ་ནག་རྒྱབ་ཏུ་བསྙིལ་བའི་གཙུག་ན་རྡོ་རྗེ་སེར་པོ། ཕྱེད་པས་མཚན་པ། ཕྱག་གཡས་རལ་གྲི་གནམ་

ཁ་ལ་ཕྱར་ཞིང་། གཡོན་པས་མདུང་རྩེ་དར་དཀར་གྱི་བ་དན་ཤམ་བུ་དམར་པོ་ཅན་ཕྱར་བ། སྐུ་ལ་
དར་དཀར་གྱི་རྩེ་གོས་ཟ་འོག་སྔོན་པོའི་མཐའ་ཅན། རིན་པོ་ཆེའི་ཐོད་དང་། ཕྱག་ཞབས་གདུ་བུ་དང་
སྙན་ཆ་དོ་ཤལ་སོགས་ཀྱིས་སྤྲས་པ། ཞབས་ལ་སོག་ལྷམ་དམར་པོ་གསོལ་བ། འབྲོང་གཡག་དཀར་པོ་ར་
དང་རྨིག་པ། བཻཌཱུརྱའི་མདོག་དང་འཚེར་ཞིང་། ཁ་ཊླངས་ན་བུན་ལྟར་འཐུལ་བར་བཅིབས་ནས་མེ་
རླུང་འཚུབ་མའི་དབུས་ན་བཞུགས་པ། དེའི་ཕྱོགས་མཚམས་སུ་དགྲེས་བསྐྱེད་གསང་བའི་ཡུམ་ཆེན་
བཀའ་ཉན་ལས་བྱེད་སྔོན་པོ་ཕོ་ཉ་མངགས་གཞུག་བྲན་གཡོག་དཔག་ཏུ་མེད་པ། ལ་ལ་དཀར་པོ་ལྷའི་
སྡེ། ལ་ལ་དམར་པོ་བཙན་གྱི་སྡེ། ལ་ལ་ནག་པོ་བདུད་ཀྱི་སྡེ་སོགས་ལྷ་མ་སྲིན་སྡེ་བརྒྱད་ཀྱི་ཚོགས་ཞི་
བའི་ཉམས། རྒྱས་པའི་གཟི་བྱིན་དབང་གི་བཀྲག་མདངས། དྲག་པོའི་གདུམ་རྩམ་སོགས་ལས་ཐམས་
ཅད་སྒྲུབ་པ་ལ་ཐོགས་པ་མེད་པའི་གཙོ་འཁོར་ཐམས་ཅད། ཞེས་འཁོད། ཡང་«མཐུ་སྟོབས་དབང་
ཕྱུག་རྗེ་བཙུན་ར་ལོ་ཙཱ་བའི་རྣམ་པར་ཐར་པ་ཀུན་ཁྱབ་སྙན་པའི་རྔ་སྒྲ»ཞེས་པར་འཁོད་དོན་འདི་
ལྟར་ན། ཡར་ལྷ་ཤམ་པོ་དེ་ཉིད་ནི་མི་དཀར་གཡུའི་རྨིད་ན་མ་ཅན་དང་། དུང་གི་སོ་འཁོར་མར་ཡོད་
པ་ལོ་བཅུ་དྲུག་ལོན་པའི་ན་ཚོད་ཅན་ཞིག་ཏུ་ཡོད་པ་དེར། འཁོར་རྫ་ཤང་ཅན་སྟོང་ཕྲག་མང་པོ་ཡོད་
པར་གསུངས་སོ། །

ཤམ་པོའི་ཕོ་བྲང་གི་བཀོད་པ་ནི་གངས་དཀར་གྱི་རི་བོ་ཆེས་མཐོ་བའི་རྩེ་མོ་ནམ་མཁའ་ལ་
བསྙེགས་པ། ཁོ་ར་ཁོར་ཡུག་གི་སྟོད་ཀྱི་ཆ་ཐམས་ཅད་གངས་རིའི་ཕྲེང་བ་ཚར་དུ་མངར་བ། བར་
རྣམས་སུ་གཡའ་རི་སྨུག་པོའི་སུལ་ནས་གཡའ་ཆུ་བསིལ་མ་ལྷུང་ལྷུང་དུ་འབབ་པ། སྨད་ཀྱི་ཆར་ནི་སྔོའི་
སྔོ་ཐུལ་ལ་ཀུན་ནས་འགྲན་པའི་སྤང་གཤོང་དག་ན་དཀར་སེར་དམར་སེར་སྔོའི་མེ་ཏོག་རྣམ་པར་
བཀྲ་བ། དེའི་སྤང་གཤམ་ན་ཚང་ཚིང་ནགས་ཀྱི་གཡུ་ལོ་ཐགས་སུ་བཀྲ་བའི་ཀློང་ནས་བྱ་དང་བྱིའུ་སྙན་
འཇེབས་ཀྱི་མགྲིན་གླུ་བར་མེད་དུ་ལེན་པ་བྱེད་པའི་མཛེས་ཤིང་ཡིད་དུ་འོང་བའི་ལྗོངས་ཆེན་པོའི་
དབུས། དྲི་མེད་ཤེལ་དཀར་གྱི་བརྩེགས་དུ་མས་རྣམ་པར་བསྐོར་བའི་དབུས་ཞེས་པ་སོགས་མང་པོ་
འཁོད་འདུག ལོ་རྒྱུས་དེ་ཡི་ཐད་ནས། ཡར་ལྷ་ཤམ་པོའི་སྐུ་ཡི་ཆ་ལུགས་ཀྱི་ཉམས་འགྱུར་དང་ཕོ་བྲང་

གི་ངོ་མཚར་བཀོད་པ། མཐའ་འཁོར་ལུང་ཚན་སོ་སོའི་མཛེས་ལྡོངས་སོགས་པ། ཟླ་གཟུགས་ཆུ་ལ་ཤར་བ་ལྟར། མིག་ལམ་དུ་གསལ་ལྷང་ངེར་འཆར་ཐུབ། ཨོ་རྒྱན་པདྨ་འབྱུང་གནས་ཀྱིས་གནོད་སྦྱིན་ཡར་ལྷ་ཤམ་པོ་དམ་ལ་བཏགས་ཚུལ་ནི་«པདྨ་བཀའ་ཐང་»ལས་དེ་ལས་ཤམ་པོ་ལུང་དུ་བྱོན་ཙ་ན་ཤམ་པོས་གཡག་དཀར་རི་ལེགས་ཙམ་ཞིག་ཏུ་སྤྲུལ༔ ཁ་རླངས་ཆ་རླངས་ཁ་བ་བུ་ཡུག་འཚུབས༔ སློབ་དཔོན་ལྕགས་ཀྱུའི་ཕྱག་རྒྱས་ཆ་ནས་བཟུང་ཞགས་པས་བཅིངས་ནས་ལྕགས་སྒྲོག་དམ་པར་བསྡུགས༔ དྲིལ་བུའི་ཕྱག་རྒྱས་ལུས་སེམས་བསྡོག་པ་ཡིས༔ སྲོག་སྙིང་ཕུལ་ནས་དམ་བཏགས་གཏེར་ཀ་གཏད་ཞེས་འཁོད།

གཞན་ཡང་གཡའ་བཟང་ཆོས་འབྱུང་བསྟན་པའི་གསལ་བྱེད་ལས། ཨོ་རྒྱན་པདྨ་འབྱུང་གནས་ཀྱིས། ཐོག་མར་ཤམ་པོ་འདུལ་བའི་ཚུལ་དུ། ཡར་སྟོད་སྦ་བ་སྒང་དགོངས་པ་རྩེ་གཅིག་ཏུ་ཏིང་ངེ་འཛིན་ལ་བཞུགས་སྐབས། ཤམ་པོས་རྡོ་ཆར་ཕབ་པ་ལ་གུ་རུས་སྡིགས་མཛུབ་མཛད་པས་ཞག་བདུན་གྱི་བར་དུ་རྡོའི་གདུགས་ཕུབ་པས་ཤམ་པོའི་རྡོ་སྐར་ཡོད་པའི་རྒྱུ་མཚན་ཡང་དེ་ཡིན། ཡང་ཤམ་པོས་ལྷ་རྫིང་གོང་འོག་ཏུ་ཆུ་བསྐྱིལ་ནས་ཆུ་བཏང་བ་ལས་ཨོ་རྒྱན་གྱིས་སྡིགས་མཛུབ་གཏད་ནས་ཆུ་གྱེན་ལ་བསྐྱིལ་ནས། འཁྱིལ་མགོ་དང་འཁྱིལ་ཞབས་ཞེས་པའི་རྒྱུ་མཚན་ཡང་དེ་ཡིན་པར་གྲགས། ཡང་ཤམ་པོས་གཡག་ཏུ་སྤྲུལ་པ་ལས་ལྕགས་ཀྱུ་ལྷ་བུའི་ཏིང་ངེ་འཛིན་གྱིས་སྣ་ནས་བཟུང་། ལྕགས་སྒྲོག་ལྷ་བུའི་ཏིང་ངེ་འཛིན་གྱིས་སུག་བཞི་བཀྱིགས་ཏེ། གསེར་གྱི་རྡོ་རྗེ་འཕངས་པ་ལས་བྲག་ལ་རྡོ་རྗེའི་ཤུལ་ཡང་འབྱུང་། དེ་ནས་དམ་ལ་བཏགས། དགེ་བསྙེན་གྱི་སྡོམ་པ་ཐོག་ཤམ་པོ་ཨོ་རྒྱན་ལ་ཞུས་པ་ང་ཉིད་གུ་རུ་ཁྱེད་དང་ནམ་དུ་ཡང་མི་བྲལ་བ་ཞིག་ནམ་ཡོང་ཞུས་པས། ཨོ་རྒྱན་གྱི་ཞལ་ནས་འདི་ནས་ཚེ་འཕོས་ཏེ་བྱང་ཁམས་སུ་གནོད་སྦྱིན་ཞིག་ཏུ་སྐྱེ། དེ་ནས་ཨོ་རྒྱན་ང་དང་གྲིབ་མའི་ཚུལ་དུ་འགྲོགས་ཞིག་ཡོང་ངོ་ཞེས་ལུང་ལས་གསུངས་སོ། །

གཞན་ཡང་དམངས་ཁྲོད་ཀྱི་ངག་རྒྱུན་དུ། ཡུལ་མིང་དང་། ས་མིང་། གནས་མིང་སོགས་མང་དག་ཞིག་ལ་གནས་བཤད་དང་། སྤྱང་གཏམ་ཐུང་ངུ་རེ་བརྗེད་སྲོལ་ཡོད་པ་དཔེར་ན། ཨོ་རྒྱན་པདྨ་འབྱུང་གནས་ཀྱིས་མདའ་ཕུ་བྲག་གི་རི་ཁྲོད་ནས་ཤམ་པོར་མདའ་བརྒྱབ་པ་དང་། ཤམ་པོས་ཀྱང་ཅུར་

རྫོ་འཕངས་ཤིང་། ཞུར་རྫོ་འཕངས་པའི་རྫོ་བླུ་ཁང་ཞེས་པའི་ནང་དེང་ཡང་མཇལ་རྒྱུ་ཡོད་པར་གྲགས། གུ་རུ་རིན་པོ་ཆེས་དགོན་སྨད་ནས་ཐིགས་མཛུབ་མཛད་པས། ཤམ་པོས་རྫོ་ཆར་འཕབ་པ་ད་ལྷ་དྲི་ནང་ཞེས་པའི་མདའ་ན་སྐྱ་ཆིལ་ཆིལ་མཐོང་རྒྱུ་ཡོད་པ་དང་གུ་རུ་ཤམ་པོའི་འགྲམ་དུ་ཕེབས་པ་ན། ཤམ་པོ་འཇིགས་སུ་རུང་བའི་གཡག་དཀར་ཞིག་ལ་སྤྲུལ་ཞིང་། གཡག་དཀར་དེ་ནི་རི་རབ་ཙམ། ཁ་ཧླངས་ནམ་མཁའི་སྤྲིན་དང་མཉམ་པ། སུག་བཞི་བརྡབ་ན་མེ་སྟག་བར་བ་ཞིག་མཆིས། གུ་རུས་ལྕགས་ཀྱུ་གཡག་གི་སྣ་ཕུག་ནས་ཟངས་ཐག་གི་སྣ་ལོ་བཙུས་ཏེ་གཡག་ལ་གཞོན། གསེར་གྱི་རྫོ་རྗེ་རྒྱ་གྲམ་གཡག་གི་ཐོད་པར་བཞག་ནས་བཏུལ། གཡག་དེ་གངས་སྐོར་ཕྱི་ཅི་ལོག་ཏུ་ཁྲིད། ལ་ཞིག་ཡོད་པ་དེར་གཡག་ཆད་པ་ན་ལ་དེ་ལ་གཡག་ཆད་ལ་ཞེས་ད་བར་འབོད་ཀྱིན་ཡོད། དེ་ནས་ལུང་ཤུར་ཞིག་ཡོད་པ་དེར་གཡག་ཤི་ནས་དེར་ལུས་པ་ན། ལུང་ཤུར་དེར་གཡག་རོ་ཞེས་མིང་ཐོགས། དེ་ནས་ཤ་སྐམ་ལ་ཞེས་པར་གཡག་ཤ་བསྐམ་པ་དང་། ཀོ་རིའི་ལྷེབས་ཞེས་པར་གཡག་དེའི་ཀོ་བ་ཡོད་པར་གྲགས།

གངས་རི་ཡར་ལྷ་ཤམ་པོའི་ནུབ་ངོས་ནི་ཨོ་རྒྱན་པདྨ་འབྱུང་གནས་མཁའ་སྤྱོད་ཀྱི་གནས་ཡིན་པ་དང་། ཤར་བྱང་ངོས་ཀྱི་བྲག་རྫམ་བརྗིད་ལྡན་པ་དེ་དག་ནི་སྒྲོལ་མ་ཉེར་གཅིག་གི་རང་བྱོན་དང་། རྟ་མགྲིན་ཁྱུང་གསུམ་གྱི་རང་བྱོན། གཤིན་རྗེའི་ཞལ་འབག་གི་རང་བྱོན་སོགས་མཇལ་རྒྱུ་ཡོད། དེ་ནས་བྱང་ཤར་ཕྱོགས་ན་བཙུན་མའི་དགོན་པ་ཞིག་ཡོད། ཡ་མཚན་ཆེ་བ་ལ་དགོན་དེའི་འདུ་ཁང་དང་། ཤག་སྐོར། རུང་ཁང་བཅས་པ་ཚང་མ་ཕ་བོང་ཆེན་པོ་གཅིག་གི་ཁོ་ནའི་འོག་ན་ཡོད། འདུ་ཁང་དེ་སྔར་སློབ་དཔོན་གྱི་སྒྲུབ་ཁང་ཡིན་པར་གྲགས། དགོན་དེའི་རྟེན་གཙོ་ནི་རྒྱལ་བ་གླིང་ཆེན་རབ་འབྱམས་པའི་འཇིམ་སྐུ་མི་ཚད་ཙམ་ཡོད་པ་དེ་ཡིན། དེ་ནས་ཨ་མའི་སྐྱེ་མཁར་འཕྲང་ཞེས་བྲག་ཕུག་ཞིག་ཡོད། གནས་མཇལ་བ་ཚོས་བྲག་ཕུག་ནང་འཛུལ་ནས་རང་ཉིད་ཀྱི་ལས་སྒྲིབ་དག་མིན་བལྟ་སྲོལ་ཡོད། དེ་ནས་ཡར་བསྐྱོད་ཚེ་བྲག་རི་ཤིན་ཏུ་ཆེ་བ་ཞིག་ཡོད་པ་དེའི་ལྷེབས་ཀྱི་གཡས་ཕྱོགས་སུ་སངས་རྒྱས་སྟོང་གི་རང་བྱོན་དང་། གཡོན་དུ་སྒྲོལ་མ་ཉེར་གཅིག་གི་རང་བྱོན་མཇལ་རྒྱུ་ཡོད་པ་མ་ཟད་སྤྲུལ་ནག་ཕྲུར་དུ་རྒྱུགས་པའི་རང་བྱོན་དང་། མཐོ་རིས་ཐར་པའི་ལམ་ཡིན་ཟེར་བ་དེར་གནས་སྐོར་བ་ཚོས་རང་ཉིད་

ཐར་ལམ་བགྲོད་ཐུབ་མིན་བརྟག་སྲོལ་ཡོད། དེ་ནས་མཆུལ་ཆོམ་བུའི་རང་བྱོན་དང་རྟ་མགོའི་རང་བྱོན། རྗེ་བཙུན་མི་ལ་རས་པའི་རང་བྱོན་སོགས་མང་པོ་མཇལ་རྒྱུ་ཡོད། ཉེ་འགྲམ་དུ་ཕ་བོང་ཤིན་ཏུ་ཆེ་བ་ཞིག་ཡོད་པ་དེ་ནི་མཁའ་འགྲོ་མའི་བྲོ་ར་ཡིན་པར་གྲགས། དེ་ནས་མར་ཕྱིན་པས་ན་གླིང་ཆེན་རབ་འབྱམས་པའི་སྒྲུབ་ཁང་དང་དེར་ཡ་མཚན་ཆེ་བའི་ཕ་བོང་ཡོད་ལ་དེ་ནི་རྡོ་རྗེ་ཕག་མོའི་རང་བྱོན་ཡིན་ཞེས་ངག་རྒྱུན་དུ་བརྗོད་སྲོལ་འདུག། དེའི་འགྲམ་ན་མི་ཤྲགས་གཡང་བཞིའི་རང་བྱོན་དང་མགར་ནག་ཕུག་མོ་ཆེ་ཞེས་པ། དེར་དམ་ཅན་མགར་ནག་གིས་བཟོ་བྱས་པའི་སོལ་བ་ཡིན་ཟེར་བ་དེང་མཐོང་རྒྱུ་ཡོད་པ་གྲགས། དེ་ནས་ཕ་བོང་སྦྲ་འདྲ་ཞེས་པ་དང་། སྒྲུབ་ཁང་གཅིག་ཡོད་པ་དེ་ནི་མ་ཅིག་ལབ་ཀྱི་སྒྲོལ་མའི་སྲས་སྨམ་པོ་ཐོད་སྨྱོན་བསམ་གྲུབ་ཀྱི་སྒྲུབ་ཁང་ཡིན་པ་དང་། ཉེ་འགྲམ་དུ་རྒྱ་གར་བསིལ་བ་ཚལ་གྱི་རྡོ་ཡོད་ཟེར་བའི་དུར་ཁྲོད་ཞིག་ཡོད། དེར་ཕུང་པོ་བསྐྱལ་ཆེ་རྒྱ་གར་བསིལ་བ་ཚལ་དང་ཁྱད་མེད་པར་འདོད། བྱང་ཤར་གྱི་བྲག་ལྡེབས་སུ་རྟ་གླུ་བདུད་རྡོ་རྗེ་དང་། ཆུ་འགྲོ་བ་འདྲེན་པ་ཞེས་པ་མཇལ་རྒྱུ་ཡོད་པ་དང་། དེ་ནས་འགྲོ་མགོན་ཕག་གྲུའི་སྤྲུལ་པར་གྲགས་པའི་གངས་ནུབ་སྐྱབས་རྗེ་རིན་པོ་ཆེ་ཞེས་པའི་སྒྲུབ་ཁང་དང་། དེའི་ལྡེབས་སུ་སེང་གེའི་རང་བྱོན་དང་། གཡས་གཡོན་དུ་རི་ཁྲོད་པ་རྣམས་ཀྱི་སྒྲུབ་ཁང་མང་ཙམ་མཇལ་རྒྱུ་ཡོད། དེ་ནས་རྩེ་ཐང་གྲོང་དང་ཐག་ཉེ་བའི་ཤོས་གདང་ཁྲི་ཞེས་པར་སླེབས་ཤིང་། འདི་གར་ཤར་ཤམ་པོའི་གངས་ལ་ཐུག་པའི་མཚོ་ཆེན་གཡུ་ཡི་མཆུལ་ཕུལ་བ་ལྟར་ཞིག་ཡོད། ནུབ་ཕྱོགས་སུ་ངོ་མཚར་ཆེ་བའི་བྲག་རྡོ་དམར་མདོག་ཅན་ཞིག་ཡོད་པ་དེའི་ལྡེབས་སུ་ཤམ་པོའི་ཚོགས་གཞོང་དང་ཛ་ཁྲིའི་རང་བྱོན་ཡང་མཇལ་རྒྱུ་ཡོད། དབུས་སུ་མཚོ་ལས་འབྱུང་བའི་འབབ་ཆུ་དར་དཀར་མཁའ་ལ་འཕྱུར་བ་ལྟ་བུ་ཡོད། དེ་ནས་ལྷུན་གྲུབ་སྟེང་ཞེས་པའི་དུར་ཁྲོད་དང་། དོམས་སྣང་ཞེས་པའི་དུར་ཁྲོད། རྒྱལ་བ་གཡའ་བཟང་པའི་སྒྲུབ་ཁང་སོགས་གནས་བྱིན་ཅན་མང་པོ་མཇལ་རྒྱུ་ཡོད།

གངས་སྐོར་གྱི་ཕན་ཡོན་རགས་ཙམ་བརྗོད་ན། ཤམ་པོ་འདི་ཉིད་བདེ་མཆོག་གི་ཕོ་བྲང་ཡིན་པར་གྲགས་པ་དང་། གཉིས་སོ་ཡར་སྟོད་འདི་ཉིད་ནི་གནས་ཙ་རི་དང་གཉིས་སུ་མེད་དོ། གྲུབ་ཆེན་ཨུ་

རྒྱན་པས་ཀྱང་། གངས་མདའ་ཡར་སྟོད་ཀྱི་ཆ་འདི་ན་རང་བཞིན་དཔའ་བོ་དང་རྣལ་འབྱོར་མ་ཐ་མལ་བའི་ཚུལ་བཟུང་བདག་མཐའ་ཡས་པ་འདུག་པས་སྲུའང་བརྟས་པ་བྱར་མི་བཏུབ་པར་འདུག་ཅིང་། ངོ་ཤེས་ན་དངོས་གྲུབ་ཀྱང་ལེན་ཐུབ་པར་འདུག་ཅིང་གསུངས་པས་ན། ཤམ་པོའི་གངས་ལ་དད་པ་ཆེན་པོས་སྐོར་བ་བསྐོར་ཆོ། ཙ་རི་དང་བདེ་མཆོག་སྟེ་དཔལ་འཁོར་ལོ་སྡོམ་པའི་གནས་ལ་སྐོར་བ་བསྐོར་བའི་ཕན་ཡོན་ཡང་དོན་གྱིས་ཐོབ་པ་སྨོས་ཅི་དགོས། ཡང་དཔལ་ཆོས་གྲགས་རྒྱ་མཚོའི་ཞལ་སྔ་ནས། འདི་ནི་དཀྱིལ་འཁོར་ཆེན་པོ་ཉིད། སྐལ་ལྡན་རྣམས་ཀྱིས་དངོས་སུ་མཐོང་། སྐལ་བ་འབྲིང་དང་ཐ་མ་ལ་ལྷ་སྐུ་ཕྱག་མཚན་ཡིག་འབྲུག་དང་། མཆོད་རྟེན་དུར་ཁྲོད་ལ་སོགས་པ་གསལ་དང་མི་གསལ་ཚུལ་དུ་མཐོང་། གནས་འདི་བསྐོར་བ་བརྩམས་པ་ནས་ནི་གོམ་པ་གཅིག་ཙམ་བོར་བས་ཀྱང་། སྒྲིབ་དག་བར་ཆད་བསལ་བ་དང་། དངོས་གྲུབ་འབྱུང་བར་ངེས་པས་ན། དད་པ་དམ་ཚིག་དང་ལྡན་པས་ལོག་ལྟ་སྤང་ནས་ཚུལ་བཞིན་དུ་གནས་ཀུན་བསྐོར་བར་བྱས་ན། ནད་གདོན་སྡིག་སྒྲིབ་བར་ཆད་སོགས། མི་མཐུན་ཕྱོགས་ཀུན་ཞི་བ་དང་། བསམ་དོན་འགྲུབ་ཅིང་ཚེ་དང་ནོར། བསོད་ནམས་བདེ་ལེགས་རྒྱས་པར་འགྱུར། སྡོད་བཙུད་དབང་དུ་འདུ་བ་དང་། དགྲ་འགེགས་ཐམས་ཅད་ཚར་གཅོད་ཅིང་། ཐུན་མོང་དངོས་གྲུབ་ཕལ་ཆེར་འགྲུབ། རིམ་གྱི་མཆོག་གི་དངོས་གྲུབ་ཐོབ། ཅེས་སོགས་གསུངས་པའི་ཕན་ཡོན་དང་ལྡན་ནོ། །

གཞན་ཡང་ཤམ་པོའི་ཁོ་ར་ཁོར་ཡུག་དག་ན། ཛ་རི་དང་། སྤང་རི། སྤང་གཤོང་། རྩྭ་ཐང་སོགས་ཡངས་ཤིང་རྒྱ་ཆེ་བ་དང་། རི་ཀླུང་ཐམས་ཅད་རྩི་ཤིང་མེ་ཏོག་གི་རབ་ཏུ་མྱུག་པ། རི་སྐྱེས་སྨན་མཆོག་སྣ་ཚོགས་ཀྱི་དྲི་ཞིམ་ཕྱོགས་བཅུར་འཐུལ་བ། གཡུ་ཡི་མཇུལ་ལྷ་བུའི་མཚོ་དང་མཚེའུ་བརྒྱ་ཕྲག་ཡོད་པ་སྟེ། གྲི་གུའི་དངས་ར་གཡུ་མཚོ་དང་། མཁའ་སྤྱོད་ཀྱི་མཚོ་ཤར་ནུབ། སྐྱེའུའི་མཚོ། དངས་ཁྲི་སྟེང་གི་མཚོ་སོགས་དང་། ཆུ་བོ་ཡང་གངས་ཆུ། ཛ་ཆུ། གཡའ་ཆུ། ཤམ་ཆུ་སོགས་རི་ཕྲན་གྱི་སུལ་ཐམས་ཅད་ནས་སྐྱི་ཆིལ་ཆིལ་དལ་མོར་འབབ་པ། དེ་དག་ལས་ཤར་ན་ཨེ་ཆུ་མདོ་འབྲོག་ཐང་དང་། སྔོ་ན་སེ་ཁྲུན་འབྲོག་ཐང་། ནུབ་ན་མཁའ་སྤྱོད་འབྲོག་ཐང་བཅས་ཡོད་པ་ལས། ཕྱུགས་ཟོག་དཀར་ནག་ཤ་གཤེད་བཟང་

ཞིང་། ནམ་མཁའི་སྐར་ཚོགས་ས་ལ་བཀྲམ་པ་དང་གཉིས་སུ་མེད། རི་སྐྱེས་སྤོག་ཆགས་ཐེར་ཆགས་དང་། འདབ་ཆགས་རྐྱིག་ཆགས་མཁའ་ལ་འཕུར་བ་དང་། ས་ལ་འཇུལ་བ། བར་སྣང་དུ་ལྡིང་བ། ས་སྟེང་ན་རྒྱུ་བ། རྐྱང་དང་། གཉན། དགོ་བ། ཐླ་བ། གནའ་གཡག གཟིག ཕ་མོ། ཕྱི་བ། གསའ་སོགས་བག་ཡངས་ཅི་གར་རྒྱུ་ཞིང་རྩེད་འཇོར་རོལ་བ་སོགས་ཡོད། ཤམ་པོའི་ནུབ་ན་ཡུལ་ལ་སྐྱིད་པ་ལྷོ་ཁ་འབྲུ་རིགས་བང་མཛོད་ཡར་ལུང་ཞེས་ཡོངས་སུ་གྲགས་པ་དེ་དག་གནས་ཡོད། ཡར་ལུང་གཞུང་བྱ་བ་དེར་ལོ་རྒྱུས་རིང་བ་དང་། གནའ་ཤུལ་གྲགས་ཅན་མང་བ། ས་ཞིང་ཡངས་ཤིང་རྒྱ་ཆེ་ལ་ས་རྒྱུ་ལེགས་པ། འབྲུ་རིགས་ཐོན་ཁུངས་བཟང་བ། ཤམ་པོས་བྱིན་གྱིས་རླབས་ནས་སྨོད་བཅུད་ཕུན་སུམ་ཚོགས་པ་སོགས་ཀྱི་དགེ་མཚན་ལྡན་ཡོད། དབྱར་དུས་ན་རི་ཀླུང་ཐམས་ཅད་སྔོ་མདངས་རྒྱས་ཤིང་། སྤང་རྒྱན་མེ་ཏོག་མཆོན་ཚོགས་བཀྲ་བས་བརྒྱན་པ། དྭངས་ཤིང་སིལ་བའི་ཤམ་ཆུ་དང་། གཡའ་ཆུ་སོགས་ཆུ་ཕྲན་ལྷུང་ལྷུང་དུ་འབབ་པ། ཟུ་མཐའ་མེད་པའི་འོང་ཀར་སིལ་སིལ་ཆུང་གི་སྐྱུལ་ནས་སྣེ་མའི་ཐ་ཆླབས་འཕྱུར་བ། གངས་སར་དཀར་མོ་ནས་ཀྱི་དྲི་ཞིམ་ལྷང་ལྷང་འཐུལ་བ། སྟོན་དུས་ན་ས་གཞི་ཐམས་ཅད་གསེར་གྱི་གཡོང་པ་ལྟ་བུ་ལ་འབྲས་བུའི་ཁུར་གྱིས་ལོ་ཏོག་ལྡེ་བ། གང་སར་བཀྲ་ཤིས་ལོ་ལེགས་ཀྱི་རྣམ་པས་ཁེངས་ཤིང་། མི་རྣམས་ལ་དགའ་བ་སྟེར་བ་དང་། ཡིད་དབང་འཕྲུགས་པར་བྱེད། ལྷོ་ཁའི་ཞིང་པས་ལོ་གཅིག་འཁོར་མར་འབྲུ་རིགས་ཀྱི་སེམས་ཁྲལ་བྱེད་མི་དགོས་པ་དེ་ནི་གཅིག་ནས་ཤམ་པོའི་བྱིན་རླབས་དང་། གཉིས་ནས་སྨོད་བཅུད་ཕུན་སུམ་ཚོགས་པོ་ཡོད་པ། གསུམ་ནས་ལས་ལ་བརྩོན་པའི་ཞིང་པ་ང་ཚོར་རག་ལས་ཡོད་ཞེས་གསུངས་ཀྱི་འདུག་པས་ལྷོ་ཁ་འབྲུ་རིགས་བང་མཛོད་ཞེས་པ་དེ་མིང་དང་དོན་གཉིས་ཡོངས་སུ་མཚུངས་ཀྱི་འདུག

རི་བོ་གནམ་ལྕགས་འབར་བ།

གངས་རི་འདི་བོད་ལྗོངས་ཀྱི་ཤར་ལྷོའི་ས་མཚམས་སྨན་གླིང་རྫོང་ཁོངས་པད་གྲོང་ཚོ་ཟེར་བ་ནས་ལྷོ་ཕྱོགས་སུ་སྤྱི་ལེ་11ཙམ་ཆོད་པའི་ཡར་ཀླུང་གཙང་པོའི་ཁུག་ཆ་ཆེན་པོའི་ནང་དུ་གནས་ཡོད། འདིར་གངས་རི་ཆེ་ཆུང་སྣ་ཚོགས་ཡོད་པའི་དཀྱིལ་ནས་གཟེངས་སུ་ཐོན་ཡོད་པ་དེ་ནི་གནམ་ལྕགས་འབར་བ་ཡིན། གངས་རི་འདིའི་མཐོ་ཚད་རྒྱ་མཚོའི་ངོས་ལས་རྨིད་7757ཟིན་གྱི་ཡོད་པ་དང་། སའི་གོ་ལའི་བྱང་གི་འཕྲེད་ཚད་29.46ཤར་གྱི་གཞུང་ཚད་95.10མཚམས་སུ་ཆགས་ཡོད། གནམ་ལྕགས་འབར་བའི་མིང་ཆ་ཚང་ལ་རི་བོ་མཐོང་གྲོལ་མ་ཡ་ལ་གནམ་ལྕགས་འབར་བ་ཟེར། གངས་རི་འདིའི་དབྱིབས་ནི་རལ་གྲི་གནམ་ལ་འཕྱར་བ་ལྟ་བུའམ་ཡང་ན་གནམ་ལྕགས་ཀྱི་ཕུར་པ་གྱེན་དུ་སློང་བ་དང་། ཡང་ན་ཤེལ་གྱི་མཆོད་རྟེན་འདྲ་བ་སོགས་ཀྱིས་གནམ་ལྕགས་འབར་བ་ཟེར། རྒན་རབས་རྣམས་ཀྱི་ངག་སྒྲོས་སུ་ཐོར་གནམ་ལྕགས་འབར་བའི་རྩེ་མོ་མདུང་རྩེ་དང་འདྲ་བ་ཡོད་ཀྱང་སྤྱི་ལོ་1950ལོར་ས་ཡོམ་ཆེན་པོས་རི་རྩེ་ཁ་འགགས་པས་ད་ལྟ་ཤེལ་གྱི་མཆོད་རྟེན་འདྲ་བའི་དབྱིབས་སུ་གྱུར་

ཟེར། རི་བོ་དེ་ནི་འཛམ་གླིང་རི་ཆེན་གྲས་ཀྱི་ཨང་བཅོ་ལྔ་པ་དེ་ཡིན། སངས་རྒྱས་ཆོས་ལུགས་ཀྱི་བཞེད་སྲོལ་དུ་ཐར་སློབ་དཔོན་ཆེན་པོ་པདྨ་འབྱུང་གནས་ཀྱིས་བདུད་གདུམ་དྲག་རྡོ་རྗེ་གནམ་ལྕགས་འབར་བའི་རྩེ་མོར་བཏུལ་ཞིང་། བདུད་བཏུལ་རྗེས་གནམ་ལྕགས་འབར་བས་འཕུར་རྩིས་བྱས་པར་སློབ་དཔོན་པདྨ་འབྱུང་གནས་ཀྱིས་རི་བོའི་མཐའ་བསྐོར་དུ་ལྕགས་ཀྱི་ཕུར་པ་གསུམ་བཙུགས་ནས་བཏགས་པ་ཡིན་ཟེར། འདིར་མགར་ཆུ་ཞེས་ཆུ་ནག་པོ་ཞིག་རྒྱུག་གི་ཡོད་པས་དེ་ནི་སློབ་དཔོན་པདྨ་འབྱུང་གནས་ཀྱིས་རྫུ་འཕྲུལ་གྱིས་གངས་རིའི་རྩེ་མོར་དགྲ་ཐབས་ཀྱི་མདའ་གྱི་མདུང་གསུམ་སོགས་མཚོན་བཟོས་མགར་ལས་བྱས་པའི་ཆུ་བོ་ཞིག་ཡིན་པར་གྲགས། གུ་རུའི་གསོལ་འདེབས་ལེའུ་བདུན་པའི་ནང་དུ་རི་བོ་མ་ལ་ཡ་གནམ་ལྕགས་འབར་བའི་རྩེར། བདུད་པོ་མ་ཏྲམ་རུ་ཏྲ་དྲག་པོས་བསྒྲལ། སྲིན་མོ་མ་ཚོགས་རྣམས་ལ་སྦྱོར་བ་མཛད། གསང་སྔགས་བསྟན་པ་དང་པོ་དེ་ནས་བྱུང་། རི་རྒྱལ་ཁྱད་པར་ཅན་ལ་གསོལ་བ་འདེབས་ཞེས་དང་། བདུད་པོ་མ་ཏྲམ་རུ་ཏྲ་དྲག་གིས་འཇིག་རྟེན་ཁམས་སུ་གནོད་འཚེ་བཏང་བར་བརྟེན་སངས་རྒྱས་ཀྱིས་བདུད་པོ་རི་བོ་གནམ་ལྕགས་འབར་བའི་སྟེང་དུ་བཏུལ་བའི་བརྗོད་སྲོལ་ཡོད་ལ། གཏེར་སྟོན་སངས་རྒྱས་གླིང་པས་གཏེར་ནས་བཞེད་པའི་ཨོ་རྒྱན་གུ་རུ་པདྨ་འབྱུང་གནས་ཀྱི་རྣམ་ཐར་རྒྱས་པ་གསེར་གྱི་ཕྲེང་བ་ཐར་ལམ་གསལ་བྱེད་ཞེས་པའི་ནང་བདུད་པོ་མ་ཏྲམ་རུ་ཏྲ་དྲག་མ་བཏུལ་ན་སངས་རྒྱས་བསྟན་པ་མི་འཕེལ་ངན་འགྲོར་ལྟུང་། རྒྱལ་བ་རིགས་ལྔ་བཀའ་བགྲོས་ཏེ་ཞལ་འཆམ་པར་གྱུར་ཏོ་སོགས་པ་དང་། ཕན་ཚུན་རྫུ་འཕྲུལ་སྣ་ཚོགས་བསྟན་པ། མཐར་གསང་བའི་བདག་པོ་རྡོ་རྗེ་བཛྲ་ཧེ་རུ་ཀ་ཆེན་པོས་ཕྱག་འཚལ་ཁ་ཊམ་ཀྵ་རུ་ཊ་ལ་གནན་ཏེ་གྱེན་རྐྱལ་དུ་བསྒྱེལ་ཏེ་བསྒྲལ། ལས་དང་ཉོན་མོངས་པའི་སྡིག་སྒྲིབ་ཐམས་ཅད་སྦྱངས། དབང་བསྐུར་དམ་ཚིག་བསྒྲགས་ཏེ་དམ་ཆུ་བླུད། ལུས་ངག་ཡིད་གསུམ་བྱིན་གྱིས་རླབས་ཏེ་གནས་གསུམ་དུ་དམ་ཚིག་རྡོ་རྗེ་བཞག་ནས་ཆོས་སྐྱོང་སྲུང་མ་ལེགས་ལྡན་ནག་པོར་དབང་བསྐུར། སངས་རྒྱས་བསྟན་པ་སྲུང་བར་གཉེར་གཏད། གསང་མཚན་མ་ཧཱ་ཀཱ་ལར་བཏགས་ཏེ་རྡོ་རྗེ་ཐེག་པའི་གྲལ་ལ་བཞག་གོ་སོགས་ལོ་རྒྱུས་མང་པོར་འཁོད་འདུག དུས་དེ་ནས་བཟུང་ཡུལ་ཐམས་ཅད་ཞི་ཞིང་བདེ་བར་གནས་སོ།།

ཡང་བགྲེས་སོང་རྣམས་ཀྱི་ངག་རྒྱུན་དུ་གནམ་ལྷུགས་འབབ་པ་དེ་ཉིད་འཛམ་གླིང་གནས་ཆེན་ཉེར་བཞིའི་ཁོངས་སུ་གཏོགས་པ་དང་། པོ་ཏ་ལ་ཡི་ཞིང་བཀོད་ཀྱི་མཐའ་འཁོར་ན་གནས་བཞི་ཡོད་པ་སྟེ། གནམ་ལྷུགས་འབབ་པ་དང་། ཁ་བ་དཀར་པོ། གངས་རིན་པོ་ཆེ། ཙ་རི་བཙས་ཡིན་ཟེར་བ་དང་། རི་བོ་གནམ་ལྷུགས་འབབ་པ་ནི་སངས་རྒྱས་ཀུན་ཏུ་བཟང་པོའི་ཞིང་ཁམས་སུ་ངོས་འཛིན་པས། གནས་འདི་མཇལ་བ་ཙམ་གྱིས་ངན་སོང་གི་སྐྱེ་སྒོ་འགག་ཅེས་པ་ལ་སོགས་དམངས་ཁྲོད་ན་སྒྲུང་གཏམ་མང་པོ་ཡོད། གངས་རིའི་ཤར་ལྷོའི་ངོས་སུ་བདུད་རི་ཕྱི་ལི་དཔལ་འཁོར་ཟེར་བ་རྩེ་མོ་དགུ་ཡོད་ལ་ཤིན་ཏུ་ཛམ་བཛིད་ལྡན་པ་ཞིག་ཡོད། གངས་རིའི་གཤམ་འོག་ཚང་མར་བང་རིམ་གྱིས་ལྗོན་ཤིང་སྣ་ཚོགས་ཀྱིས་བསྐོར་ཡོད་པ་སྟེ། བ་ལུ་དང་། སུ་ལུ། སྟག་མ། གླང་མ། རྒྱ་ཤིང་། གསོམ་ཤིང་། ཐང་ཤིང་། ཤུག་པ། བེ་ཐོ། སྐྱུག་མ། སྟར་ཁ། ཁམ་བུ། ཀུ་ཤུ་སོགས་ཀྱིས་ཁེངས་ནས་ཡོད་པ་དང་། ཤིང་སྟག་མ་ཁོ་ནར་རིགས་མི་འདྲ་བ་དྲུག་ཅུ་ཙམ་ཡོད་ལ། རི་ཀླུང་ཐམས་ཅད་མེ་ཏོག་སྣ་ཚོགས་ཀྱིས་བརྒྱན་པ། དྲག་ཏུ་རྒྱུག་པའི་ཆུ་བོ་ཡར་ཀླུང་གཙང་པོ་དང་གཡས་གཡོན་དུ་རང་བྱུང་གི་རྡོ་གཅལ་རྟུང་ན་ཛ་སྐད་བསྒྲགས་པ་སོགས་མཇལ་རྒྱུ་མང་བས། མདོར་ན་ལྷ་ཡུལ་ས་ལ་འཕོས་པ་བཞིན་འཛམ་གླིང་འདི་ན་མཛེས་ཤོས་ཀྱི་གངས་རི་ཞིག་ཡིན་ནོ། །

རྒྱ་ལ་རྩེ་རྡུམ།

རི་བོ་རྒྱ་ལ་རྩེ་རྡུམ་དེ་བོད་དབུས་གཙང་གི་ཤར་ཕྱོགས་ཀོང་ཡུལ་སྨན་གླིང་རྫོང་ཁོངས་སུ་གནས་ཡོད། སྨན་གླིང་རྫོང་ནས་ཤར་ཕྱོགས་སུ་སྤྱི་ལེ་143ཙམ་ཡོད་པའི་རྒྱ་ལ་གྲོང་ཚོ་ཟེར་བའི་ལྡོ་ཕྱོགས་སུ་ཡོད། མཐོ་ཚད་རྒྱ་མཚོའི་ངོས་ལས་རྨིད་7294ཟིན་གྱི་ཡོད། སའི་གོ་ལའི་གཞུང་ཚད་95.0བྱང་གི་འཕྲེད་ཚད་29.6ཐོག་གནམ་ལྒུགས་འབར་བ་དང་ཁ་སྦྱོད་དུ་གནས་ཡོད་ལ། ཀོང་ཡུལ་གྱི་གངས་རི་གྲགས་ཅན་ཞིག་ཀྱང་ཡིན། དེ་ཁུལ་ཆར་ཆུ་འབབ་པའི་དུས་ཚོད་རིང་བ་དང་། གནམ་གཤིས་དྲོ་གྲང་སྙོམས་པ། སྨུག་སྤྲིན་གྱི་དཀྱིལ་ན་ལྷུན་སྡུག་གི་གངས་རི་རྩེ་དུམ་འགྱིང་ངེར་གནས་ཡོད། གཡས་གཡོན་ཚང་མ་ཁ་བ་དང་འཁྱུགས་རོམ་གྱིས་བཏུམས་ནས་ཡོད་པ་དང་། གངས་རིའི་གཤམ་དུ་གཡང་གཟར་ཅན་གྱི་བྲག་རི་དང་། དྲག་ཏུ་རྒྱུག་པའི་ཆུ་བོ། རི་ལྗོང་ཚང་མ་ལྗོན་ཤིང་སྔོ་ཚོགས་དང་མེ་ཏོག་གིས་བརྒྱན་པ། གནམ་ལྒུགས་འབར་བ་དང་འདྲ་བར་རི་བོ་མཛེས་ཉམས་ཀྱི་གྲས་

ཡིན་ནོ།

གངས་རི་འདིའི་སྐོར་ཡུལ་འདིའི་དམངས་ཁྲོད་གཏམ་རྒྱུད་མང་པོ་བརྗོད་སྲོལ་ཡོད་པ་སྟེ། གངས་རིའི་རྩེ་མོ་རལ་གྲིས་བཅད་པ་ལྟར་ཡོད་པས་རྒྱ་ལ་རྩེ་རྡུམ་ཞེས་བརྗོད། སངས་རྒྱས་ཆོས་ལུགས་ཀྱི་བཞེད་སྲོལ་དུ་དུས་རབས་བརྒྱད་པའི་ནང་བསམ་ཡས་མི་འགྱུར་ལྷུན་གྱིས་གྲུབ་པའི་གཙུག་ལག་ཁང་བཞེངས་སྐབས་སློབ་དཔོན་པདྨ་འབྱུང་གནས་ཀྱིས་རྫུ་འཕྲུལ་གྱིས་ཡུལ་ལྷ་གཞི་བདག་རྣམས་ལ་ས་ཐུད་ཀྱི་ཁྲལ་འཇལ་དགོས་པའི་བཀས་མ་མཁའ་འགྲོ་མས་རྒྱ་ལ་རྩེ་རྡུམ་གྱི་རྩེ་མོ་བཅད་ནས་ས་ཁྲལ་འཇལ་བར་སྐྱོད་སྐབས། བུད་མེད་ཡུག་ས་མ་རྒྱབ་ཏུ་སླེལ་སྟོང་ཁྱེར་བ་ཞིག་གིས་གནམ་ནས་རི་ཡོང་བ་མཐོང་ནས་སྐད་ངན་ཤོར་བས་རྟེན་འབྲེལ་ལོག་ནས་རི་རྩེ་འདིར་ལྷུང་བ་དང་། ཡང་སྐད་ཤོར་བའི་སྒྲ་དེ་ཡུལ་ལྷ་མངའ་བདག་རིན་ཆེན་ཟེར་བས་གོ་བས། སྒྱུར་དུ་གནམ་ལ་ལྡུགས་ཀྱི་འཕངས་ནས་བཟུང་བ་རེད་ཅེས་བརྗོད་སྲོལ་ཡོད་ལ་རྒྱ་ལ་རྩེ་དུམ་གྱི་རི་རྩེ་ཡིན་ཟེར་དེང་མཇལ་རྒྱུ་ཡོད། ཡུལ་འདིའི་མང་ཚོགས་ཀྱིས་ཕྱག་དང་བསྐོར་བ་ཡང་བྱེད་སྲོལ་ཡོད་ལ། ཡུལ་དེ་ལ་ཡུག་ས་མ་ཞེས་མིང་ཐོགས། ཡང་བཤད་སྲོལ་གཞན་ཞིག་ནི་རྒྱ་ལ་རྩེ་རྡུམ་གྱི་རི་རྩེ་བསམ་ཡས་གཙུག་ལག་ཁང་ལ་ས་ཁྲལ་འཇལ་དུ་སྐྱོད་པའི་ལམ་བར་སྣང་སྟོང་དུང་དཀར་ས་མཚམས་སུ་སླེབས་སྐབས་བྱ་ཁྭ་ཏ་ཞིག་ཐུག་པ་དེས་བསམ་ཡས་གཙུག་ལག་ཁང་བཞེངས་ཚར་འདུག་ཅེས་རྫུན་གཏམ་བཤད་པས་རི་རྩེ་ཡུག་བཟའ་གྲོང་ཚོར་ལུས་པ་རེད་ཅེས་བརྗོད་སྲོལ་ཡོད་པ་དང་། བསམ་ཡས་ཀྱི་ས་ཁྲལ་འཇལ་བར་བསྐྱོད་མ་ཐུབ་པའི་རྐྱེན་གྱིས་གོང་པོའི་ས་ལ་བྱིན་རླབས་མ་ཐོབ་པས་གོང་ཡུལ་ས་ཡིས་ཆུ་མི་འཚོག་ཅེས་ཤོད་སྲོལ་ཡོད་པ་མ་ཟད། ཁྭ་ཏས་རྫུན་བཤད་པ་ལ་ཉེས་པ་ཐོག་ནས་སྣང་སྟོང་ཡན་ཆད་དུ་བསྐྱོད་མ་ཆོག་པས། སྟོ་ཁ་དང་ལྷ་ས་སོགས་ས་ཆར་བྱ་ཁྭ་ཏ་མེད་པའི་རྐྱེན་དེ་ཡིན་ཟེར། ས་ཁུལ་གཞན་གྱི་མི་རྣམས་ཀྱིས་བྱ་ཁྭ་ཏའི་སྐད་ཐོས་ཚེ་བཀྲ་མི་ཤིས་པ་ལྟས་ངན་དུ་བརྩི་བ་སོགས་གོང་པོའི་གནས་བཤད་དུ་འཕོད་འདུག

གནས་ཆེན་ཙ་རི་ཏྲ།

རི་བོ་དེ་ནི་བོད་ལྷོ་ཁ་ས་གནས་ཁུལ་ལྷུན་རྩེ་རྫོང་ཁོངས་ཙ་རི་ཆུས་ཀྱི་ཁོངས་སུ་གནས་ཡོད། ཡུལ་དེའི་ཁོར་ཡུག་གི་མཐའ་འཁོར་དུ་ཀློ་དང་། མོན་གཉན་སྤྲུར། དྭངས་པོ། ཀོང་པོ་བཅས་ཀྱིས་བསྐོར་ནས་ཡོད། རི་བོ་དེ་བོད་དང་འབྲུག་ཡུལ་འབྲས་ལྗོངས་སོགས་གང་སར་སྐད་གྲགས་ཆེ་བའི་གནས་ཆེན་ཞིག་ཡིན། སངས་རྒྱས་ཆོས་ལུགས་ཀྱི་བཞེད་སྲོལ་དུ། གནས་མཆོག་དཔལ་གྱི་ཙ་རི་ཏྲ་འདི་ཉིད་རྒྱུད་སྡེ་མང་པོ་ནས་ལུང་བསྟན་པ་དང་། སངས་རྒྱས་བཅོམ་ལྡན་འདས་ཀྱི་མདོ་སྡེ་དུ་མ་ནས་ལུང་བསྟན་པའི། འཛམ་གླིང་འདི་ན་ཡུལ་ཉི་ཤུ་རྩ་བཞི་དང་། གནས་སུམ་ཅུ་སོ་གཉིས། དུར་ཁྲོད་ཆེན་པོ་བརྒྱད་མཁའ་འགྲོ་མ་འདུ་བ་ཡི་གནས་བརྒྱ་དང་བཅུ་གསུམ་དུ་བྱིན་གྱི་བརླབས་པའི་ཐོག་མར་ཙ་རི་ཏྲ་འདི་ཉིད་བརླབས་ཤིང་། འགྲན་གསུམ་འགྲན་ཟླ་ཐམས་ཅད་དང་བྲལ་བ། ལྗོ་གནས་མཆོག་དཔལ་གྱི་ཙ་རི་ཏྲ་འདི་ཉིད་ཕག་གདོང་ཐུགས་ཀྱི་གནས་ཡིན་པ་དང་། བཅོམ་ལྡན་འདས་བདེ་མཆོག་འཁོར་ལོའི་ཕོ་བྲང་ཡིན་པ་ལུང་བསྟན་ཡོད།

ཙ་རིའི་མཚོ་དཀར་གྱི་རང་བྱོན་མཆོད་རྟེན་བཀྲ་ཤིས་འོད་འབར།

བོད་རབ་བྱུང་ཕྲ་པའི་ཤིང་སྟག་ལོ་སྤྱི་ལོ་1314ལོར་འགྲོ་མགོན་ཕག་མོ་གྲུབ་པའི་སློབ་བརྒྱུད་འགྲོ་མགོན་དུང་མཚོ་རས་པས་གནས་སྒོ་ཕྱེ་བ་ཡིན་ཞེས་ལོ་རྒྱུས་ཀྱི་ཡིག་ཆར་འཁོད་ཡོད། རི་བོ་ཁྱོན་ཡོངས་ཀྱི་དབྱིབས་ནི་རྡོ་རྗེ་ཕྲེད་ལ་བཞག་པ་ལྟ་བུ་ཡོད་པའི་རྭ་ཤར་མ་ནི་ཙ་རི་གསར་མ་བཀྲ་ཤིས་ལྗོངས་ཞེས་པ་དེ་ཡིན། རྭ་ནུབ་མ་ནི་ཙ་རི་རྙིང་མ་ཡོད་པ་དེ་ཡིན་ལ། རྡོ་རྗེའི་ལྟེ་བ་ནི་ཙ་རི་མཚོ་དཀར་ཞེས་པ་དེ་ཡིན་ནོ། གྲགས་ཆེ་བའི་རོང་བཞི་ཡོད་པ་སྟེ་མི་སྲུགས་རོང་། འོད་འབར་རོང་། སྟག་ཚང་རོང་། དོམ་ཚང་རོང་བཅས་སོ། ལམ་མོ་བཞི་ཡོད་པ་སྟེ། སྐྱིབ་ཆེན་ལ། ཤ་སྐམ་ལ། དགའ་ཡོལ་ལ། ཤར་དུས་ལ་བཅས་སོ། ངག་རྒྱུན་དུ། རྫ་ལ། སྲང་ལ། ནགས་ལ་ཡང་ཟེར་རོ། །

ཕུག་བཞི་ཡོད་པ་སྟེ། སྐྱིབ་ཆེན་ཕུག འོད་འབར་ཕུག རྡོ་རྗེ་ཕུག མིག་ཏ་ཕུག་བཅས་སོ། དེ་མིན་ཕོ་བྲང་གཡུ་མཚོ་སོགས་ཟོ་མཚར་ཅན་བཅུ་གཉིས་དང་མཚོ་ཕྲན་བརྒྱ་ཕྲག་མང་པོ། བཟོ་དབྱིབས་ཞོ་མཚར་ཅན་གྱི་ལྷུན་སྡུག་གངས་རི་ཆེན་པོ་སྨམ་པོ་ལྷ་རྗེ་ཞེས་བྱ་བ་སོགས་མང་པོ་ཡོད་པས་གནས་བཤད་ཀྱང་མང་དག་ཡོད་པ་སྟེ། རགས་ཙམ་བརྗོད་ན་འདི་ལྟར།

དཔལ་འཁོར་ལོ་སྡོམ་པའི་ལྷ་ཚོགས་རྣམས་ལ་ཕྱག་འཚལ་ཞིང་སྐྱབས་སུ་མཆིའོ། གཙྭ་པ་སྐུ་ཕྲེང་གསུམ་པ་རང་བྱུང་རྡོ་རྗེ་མཆོག་གིས་ཙ་རི་ཏྲའི་བཀོད་པ་ནི་ སྔ་ཚོགས་སྐྱེ་བོ་རྣམས་ཀྱི་རབ་དབེན་པས། ལུང་པ་དུ་མའི་ཕྱོགས་ཀུན་ཉེར་བ་བཀོད། ཆུ་བོ་རྣམས་ནི་ཕྱོགས་བཞིར་རབ་དུ་འབབ། དཀྱིལ་འཁོར་འབྲུམས་ཀྱི་རྣམ་པར་བཀོད་པ་འདྲ། གསེར་དངུལ་རིན་ཆེན་ཟངས་ལྕགས་ས་རྡོ་རྣམས། དགོས་འདོད་ཀུན་བྱུང་ལྷ་དགུ་བཀོད་པ་འདྲ། ལུང་བའི་མཐིལ་རྣམས་དུས་ཚོད་རྐྱེན་གྱི་ནི། ཁ་མདོག་རྣམ་པ་བཞི་ནི་སྣང་གྱུར་ཏེ། དབྱར་དུས་ནེའུ་གསིང་སྔོན་པོ་བཀོད་པ་འདྲ། རྩ་བྱའི་མགྲིན་པ་ལྟ་བུར་ནང་བ་གྱུར། སྟོན་དུས་རི་ངོས་ཐམས་བཅད་ཀྱང་། གསེར་སྤྲུངས་མ་འཕྱིས་པ་ལྟ་བུ་གྱུར། དགུན་དུས་བསིལ་བར་གྱུར་པའི་ཡོངས་བཏམས་པའི། དངུལ་དང་ཀུ་མུད་ཏ་ཡི་ཁ་དོག་བཞིན། སོས་ཀའི་དུས་ཚོད་དབང་གིས་ནི། དམར་པོ་ལ་སོགས་ཚོན་བཀྲམ་པ་བཞིན། ནགས་ཚལ་ལྡོན་པའི་ཚོགས་ཀྱི་ལྷ་མོ་རྣམས། རླུང་གིས་བསྐྱོད་པའི་ཡན་ལག་གར་མཛེས་བྱེད། མེ་ཏོག་འབྲས་བུ་ཕྲེང་བས་ལེགས་བརྒྱན་པ། ཕན་ཚུན་

ཡན་ལག་བསྐྱོད་པའི་སྒྲ་དབྱངས་དང་། དྲི་ཞིམ་སྨན་དང་མེ་ཏོག་སྤོ་ཚོགས་ཀྱི། བདུག་སྤོས་སྨན་རྣམས་ཕྱོགས་བཅུར་ལྡང་བ་བཞིན། མཚོ་ཕྲན་སྙིང་ཀ་མེ་ཏོག་ཕྲེང་བཞིན། གསལ་བར་བརྒྱན་ཅིང་ཆུ་ཕྲན་ཕྲེང་བ་རྣམས། སུ་ཏིག་ཕྲེང་བས་དོ་ཤལ་བཀོད་པ་འདྲ། རི་དྭགས་བྱ་ཚོགས་དུ་མས་བརྒྱན་པ་རྣམས། རྟ་བབ་བརྒྱན་དུ་སོ་སོར་བཀོད་པ་བཞིན། རྩྭ་དང་སྨན་ལྗོངས་ཤིང་ཕྲན་འཁྲིགས་པ་རྣམས། རབ་ཏུ་འགྲིགས་པ་བྲ་མོ་འགྲོས་བཀྲམ་བཞིན། ཆུ་ཕྲན་དར་དཀར་ཀུན་ཏུ་བརྐྱངས་འདྲ་བཞིན། རྩེ་ན་ན་བུན་འཁྲིགས་པའི་གདུག་མཛེས་ཤིང་། ཆར་རྒྱུན་རིན་ཆེན་ཕྲེང་བ་འཁྲིགས་པ་འདྲ། ཞེས་གསུངས་པ་དེའི་ཐད་ནས་ཙ་རི་ཡི་དུས་བཞིའི་མཛེས་ལྗོངས་མེ་ལོང་ངོས་ཀྱི་གཟུགས་རྐྱན་ལྟ་བུ་གསལ་བར་མངོན། ཙ་རི་ཏྲ་ཡེ་ཤེས་ཀྱི་འཁོར་ལོའི་ལྟེ་བ་མཚོ་དཀར་སྤྲུལ་པའི་ཕོ་བྲང་འདི་ཉིད་ཀྱི་ལོ་རྒྱུས་ནི། སྤྲུལ་པའི་རྒྱལ་པོ་སྲོང་བཙན་སྒམ་པོའི་ཞལ་ལྔ་ནས། རྩ་གསུམ་འཁོར་ལོ་བཞི་ཡི་ཚུལ། དེ་ལ་ཙ་རི་ཞེས་བྱའོ། རྩ་གསུམ་ནི་ཙ་རི་རྙིང་མ་རོ་མ། གསར་མ་བཀྲ་ཤིས་ལྗོངས་རྐྱང་མ། མཚོ་དཀར་ནི་དབུ་མའོ། འཁོར་ལོ་བཞི་ལས། བཀྲ་ཤིས་ལྗོངས་སྐུའི་འཁོར་ལོའི་གནས་ཡིན་པས། སྐུ་གཟུགས་རང་བྱོན་དང་ཡིག་འབྲུ་མང་བའོ། མཚོ་དཀར་ཐུགས་ཀྱི་འཁོར་ལོའི་གནས་ཡིན་པས་རང་བྱུང་གི་མཆོད་རྟེན་མང་བའོ། བྱིན་ལེགས་བདེ་བ་ཆེན་པོའི་གནས་ཡིན་པས་གསང་གནས་དང་ཆོས་འབྱུང་མང་བའོ། ཅེས་གསུངས་སོ། །

ཨོ་རྒྱན་པདྨ་འབྱུང་གནས་ཀྱི་ཞལ་ནས་ཙ་རི་ཞེས་བྱ་བ་ནི། ཤར་ནུབ་དབུས་དང་གླིང་གསུམ་ལས་ཤར་ནུབ་གཉིས་ཀྱི་ཙ་རི་ནི་རྡོ་རྗེ་རྩེ་དགུའི་ར་གཡས་གཡོན་ལྟ་བུའོ། མཚོ་དཀར་ནི་རྡོ་རྗེའི་ལྟེ་བའོ། ཞེས་གསུངས་སོ། དེ་དང་དེ་འདྲ་བའི་བླ་མ་སྐྱེ་ཆེན་དམ་པ་མང་པོའི་གསུང་བྱིན་ཅན་དང་། གནས་ཆེན་ཙ་རི་ཏྲ་ཡི་ལོ་རྒྱུས་མང་པོ་ཡོད་དོ། ལྷོ་གནས་དཔལ་གྱི་ཙ་རི་ཏྲ་འདི་ཉིད་བཅོམ་ལྡན་འདས་རྡོ་རྗེ་འཆང་ཆེན་པོའི་རྒྱུད་སྡེ་དུ་མ་ནས་ལུང་བསྟན་པ་ནི། དཔལ་གསལ་བ་རིན་ཆེན་བདུད་རྩི་བུམ་པའི་རྒྱུད་ལས་ཀྱང་ཉེ་ཤུ་ཙ་བཞི་ཡུལ་རྣམས་ཀུན་གྱི་གཙོ། འཇམ་དཔལ་གཤིན་རྗེ་གཤེད་ནི་བཞད་པའི་ས། གནས་བརྒྱད་དུར་ཁྲོད་ཆེན་པོ་རྫམ་པའི་འགོ། མཆོག་དང་ཐུན་མོང་དངོས་གྲུབ་ལ་སོགས་པ་མཁའ་འགྲོ་ལུང་བསྟན་བྱིན་གྱིས་བརླབས་པའི་གནས། རང་བྱུང་གནས་མཆོག་ཙ་རི་ཏྲ་ཞེས་

གྲགས། དེ་ཡང་གནས་ཁྱད་པར་ཅན་འདི་ནི་རྡོ་རྗེ་འཕྲེད་ལ་བཞག་པ་ལྟ་བུས་ལྟེ་བ། ར་གཡས་པ་ནི་མ་ཆེན། གཡོན་པ་ནི་བཀྲ་ཤིས་ལྗོངས་ཏེ་དེ་ཡང་མེ་ལྕེ་འབར་བའི་རྒྱུད་ལས་ཀྱང་གཡའ་དང་གངས་ཀྱི་ཕ་རོལ་ན། སྨིན་དང་ན་བུན་ཚུ་རོལ་ན། ཙ་རི་ཙ་གོང་པར་པ་ཏ། རྡོ་རྗེ་ཕག་མོས་བྱིན་རླབས་པའི་གནས་མཆོག་གོ། ཙ་རི་ཏྲ་ཡེ་ཤེས་ཀྱི་འཁོར་ལོ་དག། ར་བ་གཡོན་ནས་ཡོངས་སུ་བསྐོར། ཅེས་གསུངས་པ་དང་ཨོ་རྒྱན་པདྨའི་ཞལ་ནས། ཙ་རི་ཙ་གསུམ་ཚུལ་དུ་ཡོད་ཅེས་གསུང་ཏེ། ཤར་ནུབ་ཀྱི་ཙ་རི་ནི་ར་ཀྱང་གཉིས། མཚོ་དཀར་ནི་དབུ་མའི་ཚུལ་ལོ། དེ་ལྟར་ཐམས་ཅད་ཀྱི་གཙོ་བོ་དངོས་གྲུབ་ཐམས་ཅད་ཀྱི་འབྱུང་གནས། བྱིན་རླབས་ཐམས་ཅད་ཀྱི་ཆུ་བོ། མཁའ་འགྲོ་གསང་བ་བླ་ན་མེད་པའི་ཕོ་བྲང་ཀུན་ལས་ཁྱད་པར་དུ་འཕགས་པ་ཡིན་ནོ། གངས་རི་ཆེན་པོ་སྐམ་པོ་ལྷ་རྗེ་ཞེས་བྱ་བ་ཡོད་པ་དེ་དག་ནི་རི་ཐན་དུ་མས་བསྐོར་ཞིང་སྨིན་དང་ན་བུན་གྱི་དཀྱིལ་དུ་བརྗིད་ཆགས་འཁྱིལ་ངེར་གནས་ཡོད། དེ་ལས་དོན་དུ་བཟུང་ཆོས་སྐྱོང་བའི་རྒྱལ་པོ་དེ་ཡང་ཐུགས་སྐམ་པ་ལྕུན་ཟབ་པ། བྱིན་ཆེ་བ་གོང་ན་གཞན་མེད་པའི་མཐུན་པར་ལྷ་རྗེ་ཞེས་བྱའོ། གངས་རི་འདི་ལ་ཨོ་རྒྱན་གྱི་སྐད་དུ་ལེ་ཀ་པ་རི་ཏ། ཁ་ཆེའི་སྐད་དུ་ན་ཧ་རི། རྒྱ་གར་སྐད་དུ་ཨ་མ་ར་ཧྲུ་ཏི། བོད་སྐད་དུ་དག་པ་ཤེལ་གྱི་རི་བོ་ཞེས་བྱ་སྟེ། གངས་རི་གཅིག་ལ་མཚན་དེ་ལས་མང་བ་གཞན་ལ་མེད་དོ། དེ་ཡང་སྐལ་ལྡན་རྣམས་ཀྱིས་ཤེལ་གྱི་རི་དང་ཤེལ་གྱི་མཆོད་རྟེན་ལ་ལྷའི་སྐུ་གཟུགས་དུ་མ་མཐོང་ངོ་། ཕལ་པ་རྣམས་ཀྱི་ནི་སྤྱོད་ཡུལ་དུ་མི་འབྱུང་ངོ་། དེ་ཡང་ཕྱིའི་མཆོད་རྟེན་ལ་ནང་ལྷའི་གཞལ་ཡས་ཁང་སྟེ། མདོ་དང་སྔགས་ཀྱི་ལྷ་ཚོགས་དཔག་ཏུ་མེད་པ་བཞུགས་སོ། ཞེས་པ་དེ་ནི་ཨོ་རྒྱན་གྱི་ལམ་ཡིག་ཏུ་གསུངས་སོ། བི་མ་ལའི་ལམ་ཡིག་ལས་ཀྱང་། རི་བོ་ཆེན་པོ་ཨ་མ་ར་ཧྲུ་ཏི་ཞེས་བྱ་བ། རྡོ་དང་བོད་ཀྱི་མཚམས་ན་རི་ཤིན་ཏུ་མཐོ་བ་མཆོད་རྟེན་འདྲ་བ་ལ། ཕྱི་གངས་ཀྱི་གཡོགས་པ། ཕྱོགས་ནས་མཐོ་བ། དབང་གི་ཆུ་བོ་བཞི་བབ་པ། དངོས་གྲུབ་ཆེན་པོ་བརྒྱད་རྫོགས་པ། དཀྱིལ་འཁོར་ཆེན་པོ་ལྷ་བཅུ་གཉིས་ཀྱི་བསྐོར་བ། སངས་རྒྱས་ཀྱི་ཞིང་ཁམས་འབུམ་ཕྲག་དུ་མ་བཞུགས་ཡོད་པ། དེ་ནི་གནས་དང་ཡུལ་ཐམས་ཅད་ཀྱི་གཙོ་བོ་མཆོག་ཏུ་གྱུར་པའོ། །

ཙ་རི་མཚོ་དཀར་གྱི་མཚོ་སྙེང་ཤོད་གཉིས་དང་གངས་རི་སོགས་ཀྱི་བཀོད་པ།

ཕྱོགས་བཞི་མཚམས་བརྒྱད་དུ་མཁའ་འགྲོ་མའི་གནས་བཞི་གནས་ཐྲན་བཞི་སྟེ་བརྒྱད་ཡོད་དོ། རང་བྱུང་དེ་ཡི་བྱང་ན་མཁའ་འགྲོ་ཁྲུས་བྱེད་པའི་མཚོ་བརྒྱ་རྩ་བརྒྱད་ཡོད་དོ། དེ་དག་ཀུན་ནས་དངོས་གྲུབ་རེ་རེ་ཐོབ་པའི་གནས་མཆོག་ཡིན་ནོ།

ཤར་དུ་ཆུ་བོ་ཆེན་པོའི་ཕ་རོལ་ན་མཁའ་འགྲོ་གསང་བའི་གནས་རྡོ་རྗེ་ཕག་མོའི་རླང་ག་ནས་རཀྟ་བབ་པ་དང་། བྲག་ཕ་བོང་སོགས་ལ་མཁའ་འགྲོའི་མཚན་མ་འདྲ་བ་དང་། ཞི་ཁྲོ་དང་གཤེན་རྗེའི་དུར་ཁྲོད་སོགས་མཐའ་ཡས་ཡོད། མཆོད་རྟེན་གྱི་ཤར་སྟོད་ན་དྲང་སྲོང་བྱ་བའི་གནས་ཡོད། དེ་ནི་ལམ་རྩ་ཐིག་ཐླུང་གསུམ་སྒོམ་པའི་གནས་ཡིན་པར་གྲགས། ཤར་ལྷོ་ན་མཁའ་འགྲོ་མའི་འདུ་ཁང་བྱ་བ་ལ་མ་མོའི་གནས་ཡོད་པ་དེ་ནི་ཁམས་གསུམ་དབང་འདུས་སྒྲུབ་པའི་གནས་ཡིན་ནོ། ལྷོ་ནུབ་ཏུ་དྲེག་པ་ཚར་གསུམ་བྱ་བ་དཔའ་བོ་འདུ་བའི་གནས་ཡོད་པ་དེ། མངོན་ཤེས་དང་རྫུ་འཕྲུལ་སྒྲུབ་པའི་གནས་ཡིན་པར་གྲགས། ནུབ་ཙམ་ན་ཙ་རི་ཞེས་བྱ་བ་མཁའ་སྤྱོད་ཡོད་དོ། དེ་ནི་རྣམ་པར་རྟོག་པ་སྒོམ་ཞིང་མཆོག་གི་དངོས་གྲུབ་ཐོབ་པའི་གནས་ཡིན་ནོ། ནུབ་ན་ཤིང་གི་ལྷ་མོ་སྐྲ་འབྲུ་བའི་གནས་ཞེས་བྱ་བ། ཐང་དེ་ལ་

ཡིད་ཆགས་པ། བྱང་རི་ཐམས་ཅད་ནས་དང་འབྲས་ཀྱི་ཕུང་པོ་སྤུངས་པ་འདྲ་བ། རྫོ་རི་རིན་ཆེན་བུམ་པ་བརྩེགས་པ་འདྲ་བ་ལ་བཀྲ་ཤིས་པའི་གནས་ཡོད་པ་དེ། འཕྲིན་ལས་རྣམ་བཞི་སྒྲུབ་པའི་གནས་ཡིན་པར་གྲགས། གཞན་ཡང་གནས་ཆེན་དེ་དག་བསྐོར་ན་དངོས་གྲུབ་སྣ་རེ་མི་ཐོབ་པ་མི་སྲིད་ཅེས་བི་མའི་ལའི་ལམ་ཡིག་ནས་གསུངས།

ཙ་རིའི་ཆུ་བོ་བཞི་བབ་ཀྱིས་བྱིན་གྱིས་བརླབས་པ་ནི་འདི་ལྟར། རི་བོ་ཆེན་པོ་ཨ་མ་ར་ཧྲུ་རི་སངས་རྒྱས་ཀྱི་ཞིང་ཁམས་དཔག་ཏུ་མེད་པ་བཞུགས་པའི་གཙོ་བོ་ལ། ཀུན་ཏུ་བཟང་པོ་ཡབ་ཡུམ་ཕྱོགས་ཐམས་ཅད་གསང་སྔགས་ཞི་ཁྲོའི་ལྷ་ཚོགས་ཐམས་ཅད་ཀྱི་ཕོ་བྲང་གླིང་བརྒྱད་ཀྱི་བསྐོར་བ། དབང་གི་ཆུ་བོ་བཞི་བབ་པ་ནི། ཤར་བུམ་དབང་གི་ཆུ་ནི་སླང་གོང་ན་བབ། དེ་ལ་འཐུང་ཞིང་འཁྲུས་བྱས་ན་ལུས་ལ་བུམ་པའི་དབང་ཐོབ། ལྷོ་ཕྱོགས་གསང་དབང་གི་ཆུ་བོ་ནི་མཚོ་དཀར་ནས་བབ། དེ་ལ་འཐུང་ཞིང་འཁྲུས་བྱས་ན་ངག་ལ་གསང་བའི་དབང་ཐོབ། ནུབ་ཕྱོགས་ཤེས་རབ་ཡེ་ཤེས་ཀྱི་ཆུ་བོ་ནི་མི་ཁྲིམ་བདུན་ན་བབ། དེ་ལ་འཐུང་ཞིང་འཁྲུས་བྱས་ན། སེམས་ལ་ཤེས་རབ་ཡེ་ཤེས་ཀྱི་དབང་ཐོབ། བྱང་ཕྱོགས་དབང་བཞི་ཡོངས་རྫོགས་ཀྱི་ཆུ་ནི་རི་ཕུབ་ཏུ་བབ། དེ་ལ་འཐུང་ཞིང་འཁྲུས་བྱས་ན་ལུས་ངག་ཡིད་གསུམ་གྱི་སྒྲིབ་པ་དག་ནས་ཚིག་དབང་རིན་པོ་ཆེ་ཐོབ། དགའ་བ་བཞི་ལ་ལྷན་ཅིག་སྐྱེས་པའི་ཡེ་ཤེས་རྒྱུད་ལ་སྐྱེས། ལམ་རིགས་སྟོང་དབྱེར་མེད་སྒོམ་པ་ལ་དབང་། འབྲས་བུ་ངོ་བོ་ཉིད་ཀྱི་སྐུ་ཐོབ། དེ་རྣམས་ནི་ཡན་ལག་བརྒྱད་ལྡན་གྱི་ཆུ་བོ་ཡིན་སོགས་མང་པོ་འཁོད་འདུག ། གཞན་ཡང་གནས་ཆེན་མཆོད་རྟེན་བཀྲ་ཤིས་འོད་འབར་བྱ་བ་དང་ལྷ་མོ་ཨེ་ཀ་ཛ་ཏིའི། བྱ་ཕོ་བླ་མཚོ་དང་། ཕག་མོ་བླ་མཚོ། བཀའ་རྒྱུད་བླ་མ་སྐྱེས་དམ་པ་དུ་མའི་གནས་བྱིན་ཅན། རང་གྲོན་སོགས་བརྗོད་ཀྱིས་མི་ལང་བ་ཡོད་པས་བརྗོད་མི་ནུས་སོ། །

སྐོར་ལམ་དུ་སྒྲོལ་མ་ལ་ཞེས་པའི་རི་བོ་དེ་ནི་རྗེ་བཙུན་སྒྲོལ་མ་གཡས་བརྐྱངས་གཡོན་བསྐུམ་གྱི་ཚུལ་བཞིན་བཞུགས་པ་གསལ་པོར་མངོན། རང་བྱུང་གི་མཆོད་རྟེན་བཀྲ་ཤིས་འོད་འབར་ཞེས་བྱ་བ་མཇལ་མ་ཐག། ཨེ་མ་ས་འོག་ནས་འབྲུངས་པའི་མཆོད་རྟེན་འདི་ལྟ་བུ་ཤིན་ཏུ་ངོ་མཚར་ཆེ་བ་དང་

གྲུས་སྦྱོ་གསུམ་གྱི་དགའ་བ་ཡིད་ལ་སྐྱེས་ཀྱི་ཡོད། མཆོད་རྟེན་འདི་ཉིད་ལ་བཀུར་བསྟི་བྱེད་པའི་ཕན་ཡོན་ནི། ཨོ་རྒྱན་པདྨ་འབྱུང་གནས་ཀྱི་ཞལ་ནས། སྐྱབས་ནམ་མཁའི་སྙིང་པོ་ལ་སོགས་པ་ཐུ་བ་རྣམས་དང་། མཁའ་འགྲོ་ཡེ་ཤེས་མཚོ་རྒྱལ་དང་མོན་མོ་བཀྲ་ཤིས་མཆེད་འདྲེན་རྣམས་ལ་བཀའ་བསྩལ་པ། ཁྲི་གདུགས་འོག་འགྲན་ཟླ་མ་མཆིས་པས། རང་བྱུང་ལྷུན་གྱི་གྲུབ་པའི་མཆོད་རྟེན་འདི། མིག་གི་མཐོང་ནས་ངན་སོང་སྐྱེ་སྒོ་གཅོད། གང་དག་འདི་ལ་བསྐོར་བ་གསུམ་བསྐོར་བ། བཤན་པ་ཡིན་ཡང་མཐོ་རིས་གནས་སུ་སྐྱེ། གང་ཞིག་མཆོད་རྟེན་འདི་ལ་ཕྱག་འཚལ་བ། མཐུན་པོ་ཁྱད་པར་ཕལ་ཆེར་རྒྱལ་པོར་གྱུར། མཆོད་རྟེན་འདི་ལ་རྣམ་ཐར་གསུམ་བརྗོད་པ། གང་གི་ཐོས་པའི་ངན་སོང་ཀུན་ལས་སྐྱོབ། གང་ཞིག་མཆོད་རྟེན་འདི་ལ་ཕྱུས་བཙུགས་པ། མཆོག་རིགས་བཙུན་པ་རྒྱལ་རིགས་འཁོར་ལོ་སྒྱུར། གང་ཞིག་མཆོད་རྟེན་འདི་ལ་ཐལ་སྦྱར་བ། མི་དེ་ཡང་དག་ལམ་ལ་གནས་འགྱུར་སོགས་གསུངས་སོ། མཆོད་རྟེན་ནང་དུ་བླ་མ་ཏུ་པ་ཆོས་རྗེའི་ཕྱག་མཐེ་བོང་གི་རྗེས་དང་། ཀརྨ་པ་རོལ་པའི་རྡོ་རྗེའི་ཞབས་རྗེས། གཏེར་སྟོན་གུ་རུ་ཆོས་དབང་གྲགས་པའི་ཕྱག་འཁར་གྱི་རྗེས། མཆོད་གཡག་གི་ཞབས་རྗེས། གུ་ཤྲཱི་དཔལ་འབྱོར་དོན་གྲུབ་ཀྱི་ཕྱག་གཉིས་ཀྱི་ཕྱག་རྗེས། དཔའ་བོ་རྡོ་ཡི་ཐོད་པ། མཁའ་འགྲོ་མ་རྣམས་ཀྱི་ཚོགས་གཞོང་། དབང་ཕྱུག་ཆེན་པོའི་སྐུ་རྣམས་བཞུགས་ཡོད་པར་གྲགས། དེ་ནས་ལྷ་མོ་ཨེ་ཀ་ཛ་ཏིའི་གཟིགས་སྣང་ནི། གཞུང་གི་ཆུ་བབ་པའི་ངོས་ན་སྒོ་སྲུང་ཏུས་སྨྲལ་གདོང་ཅན་གཟིགས། རྡོ་རྗེ་འཇིགས་བྱེད། སྒྲོལ་མ་དཀར་པོ། རེ་མ་རི་མཆོད་རྟེན་གསུམ་གྱི་བླ་མཚོ་རྣམས་ཡོད། དེ་ཡང་ཨོ་རྒྱན་པདྨའི་ཞལ་ནས་ལུང་པ་མདའ་ཕྱག་རྒྱ་བསྐོལ་བ་འདྲ་བ་ན་མར་ཕྱིན་ན་བྲག་རི་སོག་པོ་ཁྲོས་པ་འདྲ་བའི་མདུན་དུ་ཨེ་ཀ་ཛ་ཏི་ཏ་དོང་འཇིགས་ཤེད་སྐྱེ་གཡའ་བ་ཡོད་ཅེས་གསུངས་པ་ལྟར། ཀརྨ་པ་རིམ་བྱོན་རྣམས་ཀྱིས་ཐུགས་ཀྱི་རྒྱལ་མོ་ཨེ་ཀ་ཛ་ཏིའི་སྐུ་ཤིན་ཏུ་གསལ་བ་ཞལ་གཟིགས་པ་སོགས་ཀྱི་ལོ་རྒྱུས་མང་པོ་ཡོད།

གནས་ཆེན་ཙ་རི་ཏྲ་བསྐོར་བའི་ཕན་ཡོན་སྐོར། དེ་ཡང་ཡུལ་སྐོར་བ་དང་གནས་བསྐོར་བ་གང་ཏུང་རང་གི་དམིགས་ཡུལ་དང་སེམས་ཀྱི་འདུན་པ་གསལ་པོ་ཞིག་ཡོད་རྒྱུ་ནི་གལ་འགངས་ཆེའོ། ཐར་

ཞྭ་དམར་སྐུ་ཕྲེང་གཉིས་པ་རྟོགས་ལྡན་མཁའ་སྤྱོད་ཀྱི་ཞལ་སྔ་ནས་ཀྱང་། ཁྱད་པར་མཐོང་མེད་ལུག་ལྟར་འཁྲམ་གྱུར་ཀྱང་། གནས་ཀྱི་མིང་དོན་ངེས་ཤེས་མི་འབྱུང་བས། དོན་མེད་རི་ལ་སྐོར་བ་མ་བྱེད་ཨང་། བསྐོར་ན་མཁས་པ་དག་དང་འགྲོགས་ལས་སོང་། ཞེས་གསུངས་སོ། ཕྱག་ཆེན་པ་དེ་ཡང་རྒྱུད་ཆོས་དང་མཐུན་ཞིང་ལམ་ཡིག་དང་གཟིགས་སྣང་ཐམས་ཅད་མ་ནོར་བར་རྟོགས་ཤེས་པ་ཞིག་དགོས་སོ། ཁྱོད་དད་ལྡན་པ་ཞིག་ཡིན་ཚེ་བླ་མའི་བྱིན་རླབས་འཇུག་པ་མོས་གུས་གསོལ་འདེབས་དང་བཅས་ཏེ་བསྐོར། མཁའ་འགྲོའི་དངོས་གྲུབ་འབྱུང་བྱེད་དགའ་སྟོན་ཚོགས་འཁོར་དང་བཅས་ཏེ་བསྐོར། སྲུང་མའི་བཀའ་རྒྱ་བསྒྲུབ་བ་དམ་རྫས་དང་གཏོར་མ་དང་བཅས་ཏེ་བསྐོར།

སྒྲིབ་སྦྱོང་ཚོགས་སུ་འགྲོ་བ་དཀའ་སྤྱད་སྙིང་རུས་དང་བཅས་ཏེ་བསྐོར། ལས་བཞི་འགྲུབ་པར་བྱེད་པ་བསྐྱེད་རིམ་བཟླས་པ་དང་བཅས་ཏེ་བསྐོར། ཕྱག་ཆེན་འགྲུབ་པར་བྱེད་པ་མི་རྟོག་ཏིང་ངེ་འཛིན་དང་བཅས་ཏེ་བསྐོར། འཕོ་མེད་ཐོབ་པ་བྱེད་པ་གསང་ཆེན་རིག་སྤྱོད་དང་བཅས་ཏེ་བསྐོར། བསྟན་པ་སྤྱི་དང་མཐུན་པ་ཆོས་ཁྲིམས་སོ་ཐར་དང་བཅས་ཏེ་བསྐོར། ཐེག་ཆེན་མདོ་དང་མཐུན་པ་ཕན་སེམས་ཤེས་རབ་དང་བཅས་བསྐོར། ཁྱད་པར་སྔགས་དང་མཐུན་པ་འདུ་ཤེས་རྣམ་གསུམ་དང་བཅས་ཏེ་བསྐོར། བླ་མེད་དོན་དང་མཐུན་པ་མཆོག་གི་ཉམས་སྤྱོད་དང་བཅས་ཏེ་བསྐོར། ལུས་སྒྲིབ་དག་པ་བྱེད་པ་འཕྱག་སྐོར་ཅི་ལེགས་དང་བཅས་ཏེ་བསྐོར། ངག་སྒྲིབ་དག་པར་བྱེད་པ་ཁ་ཏོན་བསྟོད་དབྱངས་དང་བཅས་ཏེ་བསྐོར། ཡིད་སྒྲིབ་དག་པར་བྱེད་པ་སྨྲ་བཅས་བསམ་གཏན་དང་བཅས་ཏེ་བསྐོར། སྐོར་ཚད་ཆོས་སུ་འགྲོ་བ་དམ་ཚིག་སྡོམ་པ་དང་བཅས་ཏེ་བསྐོར། ཆོས་མིན་གྱི་སྤྱོད་པ་སྤངས་ཏེ་བག་ཡོད་དྲན་ཤེས་དང་ལྡན་ཏེ་བསྐོར། ཞེས་བྱ་བ་དག་ནི་ལྷ་ཐབས་བསྟན་པ་སྟེ། རྣམ་པ་ནས་རྣམ་པ་ཐམས་ཅད་ཡིད་ལ་བཟུང་ཞིང་ལག་ལེན་ལ་འབད་པར་བྱའོ། ། བསྟན་པའི་དགོས་པ་ནི་འདི་ལྟ་བུ་འབྱུང་སྟེ། སྐུ་བཞི་ཐོབ་དུ་བྱེད་པ། བརྟུལ་ཞུགས་གདེང་དང་ལྡན་པ། ཉམས་སྨྱོང་བོགས་ཆེན་ཐོན་པ། ཏ་ཀའི་དངོས་གྲུབ་ཐོབ་པ། གསང་སྔགས་ཀྱི་དཀྱིལ་འཁོར་མཐོང་བ། ཕྱི་ནང་དབྱེར་མེད་གོ་བ། རང་ཉིད་ལྷ་སྐུར་ཤེས་པ། ཚོགས་གཉིས་ལོ་ཏོག་སྨིན་ན་པ། ལོ་བརྒྱ་བརྟུད་ཀྱང་སྐྱོ་བ་མེད་པ། ལན་བརྒྱར་

བསྐོར་ཀྱང་ཆོག་ཤེས་མེད་པ་སྟེ། རྣམ་པ་ཀུན་ཏུ་གནས་དོན་ཡིད་ལ་བཟུང་བ་གལ་ཆེའོ། །ཞེས་པ་དེ་ནི་ཀརྨ་ཞྭ་དམར་སྐུ་ཕྲེང་གཉིས་པ་རྟོགས་ལྡན་མཁའ་སྤྱོད་དབང་པོས་མཛད་པའོ། །

གཞན་ཡང་«ཙ་རིའི་གནས་ཡིག་དང་བ་འདྲེན་པའི་ཤིང་རྟ་»ཞེས་བྱ་ལས། ཙ་རིའི་གནས་བསྐོར་བའི་སྐྱེས་མཆོག་རྣམས་ནི། གནས་སྐབས་སུ་ཚེ་རིང་ཞིང་དཔལ་འབྱོར་རྒྱས་པ། མི་མ་ཡིན་གྱི་གནོད་འཚེ་ཞི་བ་དང་། ཕྱི་མ་བདེ་བ་ཅན་གྱི་ཞིང་དུ་འཕྲུངས་པ་སོགས་མདོར་ན་གནས་སྐབས་ཀྱི་བསམ་དོན་ཡིད་བཞིན་འགྲུབ་ཅིང་། རིམ་གྱིས་མཐར་ཐུག་གི་གཏན་བདེ་བླ་ན་མེད་པའི་རྫོགས་པའི་སངས་རྒྱས་ཀྱི་གོ་འཕང་རིན་པོ་ཆེ་ཐོབ་པར་འགྱུར་རོ། ཞེས་གསུངས་ཤིང་། ཡང་གནས་མཆོག་ཙ་རི་ཏྲ་བསྐོར་ཚེ། ཀརྨ་པ་རང་བྱུང་རྡོ་རྗེའི་ཞལ་སྔ་ནས། གནས་ཉེར་བཞིའི་གཙོ་བོ་ཙ་རི་ཏྲ། བཅོམ་ལྡན་བདེ་མཆོག་གི་ཕོ་བྲང་འདི། དད་པས་སྐོར་བ་རྣམས། ཕྱི་མ་བདེ་བ་ཅན་གྱི་ཞིང་ཁམས་སུ། འོད་དཔག་མེད་ཀྱི་སྤྱན་སྔར་སྐྱེ། ཞེས་དང་དཔལ་ཆོས་གྲགས་རྒྱ་མཚོའི་ཞལ་སྔ་ནས། འདི་ནི་དཀྱིལ་འཁོར་ཆེན་པོ་ཉིད་སྐལ་ལྡན་རྣམས་ཀྱིས་དངོས་སུ་མཐོང་། སྐལ་བ་འབྲིང་དང་ཐ་མ་ལ། ལྷ་སྐུ་ཕྱག་མཚན་ཡིག་འབྲུ་དང་། མཆོད་རྟེན་དུར་ཁྲོད་ལ་སོགས་བརྟམས་ན་ནི། གོམ་པ་གཅིག་བོར་བས་ཀྱང་། སྒྲིབ་དག་བར་ཆད་སེལ་བ་དང་། དངོས་གྲུབ་འབྱུང་བར་ངེས་པས་ན། དད་པ་དམ་ཚིག་དང་ལྡན་པས། ལོག་ལྟ་སྤངས་ནས་ཚུལ་བཞིན་དུ། གནས་ཀུན་བསྐོར་བར་བྱས་པས་ན། ནད་གདོན་སྡིག་སྒྲིབ་བར་ཆད་སོགས། མི་མཐུན་ཕྱོགས་ཀུན་ཞི་བ་དང་། བསམ་དོན་འགྲུབ་ཅིང་ཚེ་དང་ནོར། བསོད་ནམས་བདེ་ལེགས་རྒྱས་པར་འགྱུར། སྟོད་བཅུད་དབང་དུ་འདུ་བ་དང་། དགྲ་འགེགས་ཐམས་ཅད་ཚར་གཅོད་ཅིང་། མཐུན་མོང་དངོས་གྲུབ་ཕལ་ཆེར་འགྲུབ། རིམ་གྱིས་མཆོག་གི་དངོས་གྲུབ་ཐོབ། ཅེས་སོགས་ཕན་ཡོན་རྣམས་དང་ལྡན་ནོ། །

སྔར་ཙ་རི་རོང་སྐོར་ཞེས་སྒྲོག་འབེན་འཛུགས་ཀྱིས་འགྲོ་དགོས་པས། འགྲིམ་འགྲུལ་མི་བདེ་བ། ཐག་རིང་ལམ་ཕྲང་དོག་པོ། རི་མཐོ་ཆུ་དྲག་ཆར་ཆུ་མང་བ། བྲག་རི་དང་སྔོན་ཤིང་ཡལ་ག་རྣམས་ཀུན་མཚོན་ཆ་སྣ་ཚོགས་མདའ་ཡིས་དྲ་བ་ལྟ་བུ། གཅན་གཟན་གདུག་པ་དུ་མས་ཁེངས་པ། འཇིགས་ཤིང་

སྐྱག་པའི་དུར་ཁྲོད་འབྱུང་པོ་རོ་ལངས་གར་སོགས་བྱེད་པ། རྡོ་རྗེ་ར་བའི་ཁོར་ཡུག་གི་ཕྲེང་བ་ཆེན་པོའི་ཕྱི་རོལ་ན་གློ་དང་། མོན་དང་། དཀྱིལ་དག་ཀོང་གི་ས་ཆས་ཡོངས་སུ་བསྐོར་ཞིང་། རྡོ་རྗེ་ར་བའི་ནང་ཚུན་ཆད་དུ་སླང་གོང་ཟེར་བ་དང་། ཀླ་ཀློ་མི་ཁྲིམ་བདུན་ལས་གཞན་མེད། ཕྱར་ཀློ་པས་གནས་སྐོར་བར་གནོད་འཚེ་བཏང་བའི་གནས་ཚུལ་ཐོན་སྲོང་ཡོད་པས། ལོ་ལྟར་བོད་ས་གནས་སྲིད་གཞུང་ནས་འབྲེལ་ཡོད་མི་སྣ་མངགས་གཏོང་གིས་ཀློ་རྫོངས་ཞིས་འབུལ་བ་གྱ་ནོམ་པ་བྱེད་དགོས་སོ། ཀློ་པ་ཚོའི་འདོད་བློ་ཁེངས་ཚེ་གནོད་པ་མི་བྱེད་དོ། སྐོར་བ་ཆ་ཚང་ལ་ཟླ་བ་ཁ་ཤས་འགོར་གྱི་ཡོད།

གནས་སྐོར་ནས་བདེ་ཐླག་དང་ལོག་ཚེ་རང་རང་སྐྱིད་སྡུག་ནས་བསུ་བ་གཟབ་རྒྱས་ཞུ་བའི་སྲོལ་ཡང་ཡོད། ཙ་རི་གངས་ཅན་རི་བོའི་ནང་ནས་མཛེས་ཤོས་ཀྱི་གྲས་ཡིན་པ་སྟེ། རི་བོ་ཆེན་པོ་ཨ་མ་ར་རྫུ་རིས་གཙོས་དར་དཀར་གྱིས་བསྐུབས་པའི་རི་ཕྲན་སྣ་ཚོགས་ཀྱི་བསྐོར་བ། ཁོར་ཡུག་རྣམས་ལྗོན་ཤིང་བསྡུག་པོས་བརྒྱན་པ། མཚོ་དཀར་གྱི་གཙོས་པའི་གསེར་གཞོང་ལ་གཡུས་བརྒྱན་པ་ལྟ་བུའི་མཚོ་ཕྲན་བརྒྱ་ཕྲག་དུ་མ་ཡོད་པ། གཅན་གཟན་རི་དྭགས་སྣ་ཚོགས་དང་། བྱ་དང་བྱིའུ་ཡི་རིགས་མང་ལ་སྒྲུ་སྡུག་མཚར་བ། རི་ཀླུང་སྨན་གྱིས་ཁེངས་ཡོད་པ་སྟེ། ཀླུ་བདུད་ནག་པོ་དང་། འབྲི་ཏ་ས་འཛིན་སྤོ་འོད་ལྡན། ཀུནྡ་བདེ་སྐྱིད་སོགས་རྩ་ཆེན་གྲངས་ལས་འདས་པ་ཡོད། ལྷག་པར་མཐོང་དགོན་པའི་མེ་ཏོག་བཀྲག་མདངས་ལྡན་པ་སྣ་ཚོགས་ཡོད་པས་བལྟས་ན་མིག་ལ་མཛེས་པ་དང་། ཡིད་ལ་དགའ་བ་སྟེར་བ། ངོམས་ན་རྣ་ལ་དྲི་ཞིམ་འཐུལ་ཞིང་ལུས་ཀྱི་ནད་སྒྲིབ་དག་པ་སོགས་ཀྱི་ཚོར་སྣང་ཡོད་པས་ལོ་ལྟར་ཙ་རི་རོང་སྐོར་ཞེས་དད་ལྡན་སྐྱེ་བོ་མང་པོ་དང་ཡུལ་སྐོར་བ་རྣམས་ཀྱི་ཞེན་ཆགས་འབྲལ་མི་ཐོད་པ་ལྟ་བུ་ཡོད།

བྱང་གཉན་ཆེན་ཐང་ལྷ།

དེ་ནི་འདམ་གཞུང་རྫོང་ཁོངས་སུ་གནས་ཡོད། དེའི་རི་རྒྱུད་ནི་བྱང་གནམ་མཚོའི་ལྷོ་ངོས་ནས་ཆབ་མདོ་ས་གནས་ཀྱི་དཔལ་འབར་རྫོང་བར་བརྒྱངས་ནས་ཡོད། སངས་རྒྱས་ཆོས་ལུགས་ཀྱི་བཞེད་སྲོལ་དུ་བོད་ཀྱི་ཡུལ་ལྷ་བཅུ་གསུམ་གྱི་ནང་ཚན་གཉན་ཆེན་ཐང་ལྷ་གནས་ཡོད་པས་མིང་དེ་ལྟར་ཐོགས། གཙོ་བོའི་རི་རྩེ་གསུམ་ཡོད་པས་རི་རྩེ་དང་པོ་མཐོ་ཚད་རྒྱ་མཚོའི་ངོས་ལས་མི་ཊར་7162དང་། རི་རྩེ་གཉིས་པ་མཐོ་ཚད་རྒྱ་མཚོའི་ངོས་ལས་མི་ཊར་7117རི་རྩེ་གསུམ་པ་མཐོ་ཚད་རྒྱ་མཚོའི་ངོས་ལས་མི་ཊར་7046བཅས་ཡོད། ཁུ་ནུ་ལའི་རི་རྒྱུད་དེ་བོད་དང་ཤིན་ཅང་ས་མཚམས་སུ་གནས་ཡོད། དེའི་རིང་ཚད་སྤྱི་ལེ་2500ལྷག་ཙམ་ཡོད། ཆ་སྙོམས་རྒྱ་མཚོའི་ངོས་ལས་མི་ཊར་5500ནས་6000བར་ཡོད། རི་རྩེ་གངས་དཀར་ཕྱོགས་ལས་རྣམ་རྒྱལ་ཞེས་པར་མཐོ་ཚད་རྒྱ་མཚོའི་ངོས་ལས་མི་ཊར་7719ཟིན་གྱི་ཡོད།

གཉན་ཆེན་ཐང་ལྷའི་རི་རྒྱ་དང་པོ།

གཉན་ཆེན་ཐང་ལྷའི་རི་རྒྱ་གཉིས་པ།

གཉན་ཆེན་ཐང་ལྷའི་རི་རྩེ་གསུམ་པ།

ལྷ་ན་སྡུག་པའི་གཉན་ཆེན་ཐང་ལྷའི་རི་རྒྱུད།

བྱང་རྟ་སྒོའི་གངས་རི།

གངས་རི་འདི་ནག་ཆུ་ས་གནས་ཉི་མ་རྫོང་ཁོངས་སུ་གནས་ཡོད། འདིའི་མཐོ་ཚད་རྒྱ་མཚོའི་ངོས་ལས་སྨིད་6000ལྷག་ཙམ་ཟིན་གྱི་ཡོད། རྟ་སྒོའི་གངས་རི་དང་དྭངས་ར་གཡུ་མཚོ་དེ་གཉིས་གཡུང་དྲུང་བོན་གྱི་གནས་རྩ་ཆེར་རྩིས་ཀྱི་ཡོད། གཡུང་དྲུང་ཞེས་པའི་གོ་དོན་ནི་རྟག་བརྟན་མི་འགྱུར་བ་ཡིན། ཡུལ་དེར་གདོད་མའི་དུས་ནས་བོན་ཆོས་དར་ཁྱབ་ཤིན་ཏུ་ཆེ་བ་དང་ལོ་རྒྱུས་ཀྱང་ཧ་ཅང་རིང་བ། དུས་ད་ལྟ་ཡང་འགྲོ་བ་མི་ཉུང་བ་ཞིག་བོན་ཆོས་ལ་དད་པ་བྱེད། བོད་ཀྱི་གངས་ཆེན་བཞིར་གྲགས་པ་ཞང་ཞུང་བོན་གྱི་བླ་རི་ཏི་སེ་དང་། སྟོད་ཀྱི་རྟ་སྒོ་དཀར་པོ། བར་གྱི་གཉན་ཆེན་ཐང་ལྷ། སྨད་ཀྱི་རྨ་རྒྱལ་སྤོམ་ར་བཅས་བོད་ཀྱི་གངས་ཆེན་བཞི་ཡི་ཡ་རྒྱལ་ཡིན། གཡུང་དྲུང་བོན་གྱི་བཞེད་སྲོལ་ལྟར་ན། རྟ་སྒོའི་གངས་རི་ནི་ཞང་ཞུང་སྟོད་སྨད་དམ་སྒོ་ཕུག་བར་གསུམ་དུ་ཕྱེ་བའི་ནང་ཚན་བར་པའི་ཡུལ། སྲིད་པའི་ཞིང་ཁམས་རྣམ་པར་དག་པའི་ཞང་ཞུང་བོན་གྱི་རྒྱལ་པོའི་ཞིང་ཁམས་ཆེས་སྔ་

བའི་དུས་ན་བྲ་ཏུ་ཐོག་པའི་རྒྱལ་པོ་བཅོ་བརྒྱད་བྱོན་པའི་ནང་ནས། ཤེལ་རྒྱུང་ཧྲི་དོ་རྒྱལ་པོ་ཇོ་དམར་འོད་ཀྱི་བྲ་ཏུ་ཅན་དང་། ལིག་མྱུར་ནམ་མཁའི་རྒྱལ་པོ་བཻཌཱུརྱ་འོད་ཀྱི་བྲ་ཏུ་ཅན་གཉིས་ཀྱི་གདན་ས་ཡིན་པ་དང་། བོན་གྱི་བསྟན་པ་བླ་ན་མེད་པ་རྒྱལ་བ་གཤེན་རབ་མི་བོ་ཆེ་དེ་ཉིད་ཀྱིས་ཞབས་ཀྱིས་བཅགས་ཤིང་བྱིན་གྱིས་རླབས་པའི་ཡུལ་ཁྱད་པར་ཅན་ཡིན་པར་གྲགས།

ཏ་སྒོའི་གངས་རི་འདི་ལྗུན་སྡུག་གི་འཁྱིང་ངེར་གནས་ཡོད་པའི་འཁོར་ར་ཁོར་ཡུག་ན་གསེར་ལུང་གངས་རི་དང་། གངས་ལུང་དྲིལ་དཀར། མ་ཡེ་གངས་དཀར། དམུ་གར་རྐོད་པོ། གཙང་སེར་གངས། བཙན་ཁང་གངས་རི། ནག་ཏེ་གངས་རི། རྒྱལ་གངས་ལྷ་མོ་དངུལ་གྱི་མཆོད་རྟེན་ལྷ་བུའི་གངས་རིའི་འཕྲེང་བས་བསྐོར་ཞིང་གནས་ཡོད། ཁྱུང་རྫོང་དཀར་ཆག་ལས། ནུབ་མཛོད་ཏ་སྒོའི་བྲག་དཀར་ལ། ཏ་སྒོའི་ཕྱུག་མཚན་དབལ་མདུང་དང་། ཚ་ལ་རྒྱུང་གི་ཐོ་བ་ཡོད་ཅེས་དང་། ཡང་དེ་ཉིད་ལས། ཏ་སྒོའི་གངས་རི་གཏེར་གྱི་གནས་འདི་ལ་ནོར་གཏེར་དང་། ཟབ་གཏེར་གྲངས་ལས་འདས་པ་ཡོད། ངོ་མཚར་ཅན་གྱི་སྒྲུབ་ཕུག གསེར་དངུལ་ཟངས་ལྕགས་སོགས་ཀྱི་གཏེར་རྫས་བཀོད་ཀྱིས་མི་ལངས་པ་ཡོད་པས་གསང་སྔགས་ཨ་དཀར་ཐེག་པའི་གནས་ཀྱི་དགེ་མཚན་ཚང་ཡོད་ཞེས་གསལ།

ཏ་སྒོ་གངས་ལུང་ཞེས་མདའ་དོག་ལ་ལུང་ཕུག་རིང་བ། རྒྱ་ཆེ་བ། ཞང་ཞུང་རྒྱལ་པོ་བྲ་ཏུ་ཅན་བཅོ་བརྒྱད་ཀྱི་ནང་ཚན་ཤེལ་རྒྱུང་ཧྲི་དོ་རྒྱལ་པོ་ཇོང་དམར་འོད་ཀྱི་བྲ་ཏུ་ཅན་དང་ལིག་མྱུར་ནམ་མཁའི་རྒྱལ་པོ་བཻཌཱུརྱ་འོད་ཀྱི་བྲ་ཏུ་ཅན་གཉིས་ཀྱི་གདན་སའི་མཁར་རྫོང་འབུམ་ནག་གི་གནའ་ཤུལ་དང་། གཡུང་དྲུང་བོན་གྱི་བླ་མ་དམུ་ཤོད་ཏམ་ཆེན་དང་དམུ་རྒྱལ་བློ་གྲོས་ཁུ་དབོན་གཉིས་ཀྱི་སྒྲུབ་གནས་ཕྲམ་ཕུག ཀུ་ཏུ་ཡོན་ཏན་སེང྄་གེའི་སྒྲུབ་ཕུག་རི་ཁྲོད་ཨ་ཆེན་ཕུག་ཞེས་པ། ནམ་མཁའ་བློ་ལྡན་གྱི་བཞུགས་ཕུག་གནས་རྫུ་འཕྲུལ་ཕུག དེ་ཡང་ཏ་སྒོ་གདོང་དམར་ལྷ་བཙན་གྱིས་ཐོག་ཕུབ་པ་ཡིན་ཟེར། གཞན་ཡང་འགྲོག་འབྲིང་ཕུག་དང་ཤེལ་ཕུག མི་ལྷ་སྒྲུབ་ཕུག་སོགས་ཡ་མཚན་ཅན་གྱི་དབེན་གནས་གྲངས་ལས་འདས་པ་མཐོང་རྒྱུ་ཡོད། ཏ་སྒོ་དམར་བཙན་གངས་འོག་གཡའ་སྤང་མཚམས་སུ་མཚོ་ཆུང་ཞིག་མཐོང་རྒྱུ་ཡོད། དེ་ནི་གཏིང་མཚོ་དྭངས་རའི་སྨྱུན་མིག་གམ་ནག་མེར་མཚོ་ཟེར། དེ་ནི་ལྷ་ཡི་ཞལ་

ཆབ། ཆུ་དེ་འཐུང་ཆེ་སྒྲིབ་དག་པ་ཕྱག་སྐོར་མཆོད་ཕུལ་བྱས་ན། བསོད་ནམས་དབང་ཐང་རྒྱས་ཤིང་ཚྭུང་རྟ་འཕེལ་བ། ལུས་ངག་ཡིད་གསུམ་གྱི་སྡིག་པ་ཅི་ཡོད་འབྱང་བར་གྲགས། ལྷག་པར་དུ་བོད་ཟླ་བཅུ་གཉིས་པའི་ཆོས་བཅོ་ལྔ་ལ་གཡུ་དྲུང་བོན་གྱི་སྟོན་པ་གཤེན་རབ་མི་བོ་ཆེ་སྐུ་འཁྲུངས་པའི་དུས་ཆེན་ཁྱད་པར་ཅན་ཡིན་པས་དེ་ཉིན་ཕྱག་དང་སྐོར་བ་མཆོད་ཕུལ། དར་ལྕོག ཞལ་འདོན་སོགས་དགེ་བ་བསྒྲུབས་ཆེ། འབྲུམ་འགྱུར་དུ་འགྲོ་བ་བོན་ལུགས་ནས་གསུངས་པའོ། །

བོན་ཆོས་ཀྱི་ལུགས་ལྟར་ན། ཏ་སྒོའི་གངས་རིའི་མགུལ་གཡའ་མཚམས་སུ་བཙུག་དཀར་དང་། རྒྱ་མཚལ་འདི། རྫོགས་པའི་སངས་རྒྱས་རྣམ་པར་རྒྱལ་བའི་རྟེན་རྫས་ཡིན་པས། མཁའ་འགྲོ་ཀྱི་མ་འོད་མཆོའི་མཚན་གྲགས། ལྷ་བཙན་ཏ་སྒོའི་ཐུགས་ཀྱི་སྙིང་ཐིག་ཡིན་ཞེས་གསལ། ཁ་ལ་ཐོས་ན་ནད་བརྒྱ་འཇོམ་པའི་ནུས་པ་ལྡན་པ་དང་། སྒོ་ཕྱུགས་ལ་བྱུགས་ན་ནད་སེལ་བ་གཅན་གཟན་དང་བཙན་གྱི་གནོད་པ་སོགས་འགོག་སྲུང་ཐུབ་པའི་ནུས་པ་བསམ་གྱིས་མི་ཁྱབ་པ་ཡོད་པར་གྲགས།

ལྷ་བཙན་དེ་ལེན་ས་ལའང་མཆོག་འབྲིང་ཐ་གསུམ་དང་། ལྷ་བཙན་ཞུ་མཁན་ལའང་མཆོག་འབྲིང་ཐ་གསུམ་ཡོད་སྐོར་དང་། ལྷ་བཙན་གང་བྱུང་གི་ནང་ན་ནུས་པ་ཆུང་བ་དང་། བཀའ་ཆད་ཡོང་ཉེས་ཆེ་བ་སོགས་ཀྱི་ལོ་རྒྱུས་མང་དག་ཞིག་འདུག མདོར་ན་གཡུང་དྲུང་བོན་གྱི་བཞེད་སྲོལ་དུ་གནས་འདི་ལ་དད་གུས་སྒོ་གསུམ་གྱི་སྒོ་ནས་ལུས་སྒྲིབ་དག་པར་ཕྱག་བསྐོར་གྱི་ལས་དང་བཅས་ཏེ་བསྐོར། ངག་སྒྲིབ་དག་པར་བྱེད་པ་ཞལ་འདོན་བསྟོད་དབྱངས་དང་བཅས་ཏེ་བསྐོར། ཡིད་སྒྲིབ་དག་པར་བྱེད་པ་སྨྲ་བཅད་བསམ་གཏན་དང་བཅས་ཏེ་བསྐོར། ལྷག་པར་སྟག་གི་ལོ་ལ་གནས་མཆོག་ཀུན་གྱི་བྱིན་རླབས་འདུས་པས་ཕྱག་བསྐོར་བྱས་ཆེ། ཆེ་འཕེལ། ཚོགས་བསགས་སོགས་དགེ་བའི་ལས་ཆེ་ཆུང་གང་བྱས་ཀྱང་བྱེ་བ་འབུམ་འགྱུར་འགྲོ་བའོ། །

དྭངས་ར་གཡུ་མཚོ་ནི་བོད་གངས་ཅན་གྱི་གཡུ་མཚོ་གསུམ་གྱི་ཡ་གྱལ་ཡིན། དེ་ཡང་དྭངས་ར་ཁྱུང་ཆེན་རྫོང་གི་ལྷོ་ཤར་མཚམས་སུ་གནས་ཡོད། གནས་བདག་མཚོ་སྨན་ལས་ཀྱི་དབང་མོ་ཆེ་ནི་འཁྱིལ་བའི་འབབ་ཆུའི་གནས་བརྒྱ་དང་བརྒྱ་བཅུའི་གཙོ་མོ་ཡིན་པར་གྲགས། རྒྱ་ཁྱོན་སྤྱི་ལེ་གྲུ་བཞི་མ་

1400 དང་རིང་ཚད་སྤྱི་ལེ་70ཞེང་ཚད་ཆ་སྙོམས་སྤྱི་ལེ་20མཚོ་ངོས་ཀྱི་མཐོ་ཚད་སྨིད་4535ཟིན་གྱི་ཡོད། མཚོ་དབྱིབས་ནི་བྱ་རྒྱལ་ཁྱུང་ཆེན་འདྲ་བ་སྙེད་པ་ཞིག་ལ་སྟོད་རླུམ་པ། མཚོ་སྨད་གྲུ་ནར་ཅན་ཡིན་ཞིང་། ཆུ་དྲི་དང་ལྡན་པ་ཡན་ལག་བརྒྱད་ལྡན་གྱི་ཆུ་ཁ་གཏིང་གསལ་བ་དྭངས་བའི་ཡན་ལག ཚ་གདུང་སེལ་བ་བསིལ་བའི་ཡན་ལག འཐུང་བའི་ཚེ་ན་འཇམ་པའི་ཡན་ལག་དད་དང་ལྡན་པ་བསུང་བའི་ཡན་ལག རོ་ཁ་སྐྱུར་སོགས་མེད་པ་ཞིམ་པའི་ཡན་ལག སྙོམ་པ་སེལ་བ་བྱེད་པ་ངོམས་པའི་ཡན་ལག ཕོག་ནད་མི་འབྱུང་ལུས་བདེའི་ཡན་ལག་སྟེ་ཡོན་ཏན་བརྒྱད་དང་ལྡན་པ་ཡོད་པར་བཤད།

བོན་གྱི་ལུགས་ལྟར་དྭངས་ར་གཡུ་མཚོའི་ལོ་རྒྱུས་ཟུར་གླེང་ན་གང་ཟག་སྤྱི་ཡི་བཞེད་སྲོལ་ལ། མཚོ་མོ་དེ་ནི་གནས་ཀྱི་ཕོ་བྲང་གི་དབྱིབས་དང་། མཚོ་བདག་ལས་ཀྱི་དབང་མོ་དྭངས་རའི་དཀར་ཆག་མཐོང་བ་ཀུན་དགའ་ལས། མཚོ་ཡི་ནང་དུ་ཕྱིན་ན་གཡུ་ཡི་སྐུ་མཁར་ལྡེམས་པ་ལ། ཡིག་འབྲུ་ཨ་མ་ས་གསུམ་སོགས། སྔག་སེང་སྒོ་སྲུང་འཇིགས་པས་བརྒྱན། ཡོག་བཞི་རིགས་རྟགས་དབྱིབས་དང་མཐུན་ཟུར་བཞིན་གཡུ་འབྲུག་ངར་མས་བརྒྱན། སྟེང་ན་ནམ་མཁའ་གཡུ་འོད་ལ། མཐིང་གུར་གཡུ་ཡི་ཡ་གད་དང་། ཟ་ར་ཚགས་དང་དར་ཐུས་བརྒྱན། ཕྱི་ན་ལྷ་སྤྱག་ནང་ན་མཛེས། དེ་ལྟར་ཕོ་བྲང་ཁྱད་པར་ཅན་ཞེས་དང་། གནས་བདག་ལས་ཀྱི་དབང་མོའི་ཆ་ལུགས་ནི། ཡང་ལུང་དེ་ནས་དེ་ལྟར་གནས་ཀྱི་ཕོ་བྲང་

ནང་། མཿདྭངས་ར་ལས་ཀྱི་དབང་མོ་ཆེ། མཐིང་གི་མོ་བཙུན་བཟང་མོ་ལ། རིན་ཆེན་སྣ་ལྔའི་རྒྱན་གྱི་བརྒྱན། ཆུ་དར་གོས་སྔོན་སྐུ་ལ་གསོལ། ཞུ་དཔལ་མཛེས་པའི་མཐོ་ཐོད་ལྡིངས་ཅན། ཞལ་འཛུམ་མདངས་ལྡན་ལེར་བཞུགས་ཅེས་འཁོད་ཡོད།

མཚོ་སྟོད་མཚོ་དབུས་མཚོ་སྨད་གསུམ་ལ་གཡུ་དྲུང་བོན་གྱི་ལྷ་ཚོགས་གནས་ཡོད་ཅེས། ཧ་དྭངས་སྐུ་བསྟོད་འཕྲིན་བཅོལ་ལ་གསལ་བ་ལྟར་ན། ཁྱུང་གི་སྐུ་སྟོད་རབ་ཏུ་མཐོ་བ་ལ། དབྱིངས་ཡུམ་ཤེས་རབ་བྱམས་མ་ལ་སོགས་ཏེ། ཡེ་ཤེས་ལྷ་མོ་རྣམས་ཀྱི་དཀྱིལ་འཁོར་གསལ། ཁྱུང་གི་སྙིང་དབུས་མཐོ་ཡི་དབྱིངས་ཀློང་ལ། གནམ་གྱི་གུང་གི་རྒྱལ་མོ་ལ་སོགས་ཏེ། རྒྱས་པའི་སྨན་མོ་འབུམ་གྱི་དཀྱིལ་འཁོར་སྲིད། ཁྱུང་གི་མཆུ་ སྡེར་མཚོ་གཏིང་བསྒྲད་པ་ལ། མཁའ་འགྲོ་དཀར་མོ་སྤྱན་གདོང་ལ་སོགས་ཏེ་དབང་གི་མཁའ་འགྲོ་འབུམ་སྡེའི་དཀྱིལ་འཁོར་སྲིད་ཞེས་པ། ཞི་རྒྱས་དབང་དྲག་གི་ལྷ་ཚོགས་དང་། དྭང་རའི་མཚོ་སྨན་དགུ་ཁྲི་དགུ་འབུམ་རྣམས་བཞུགས་ཡོད་པས། གནམ་མཁའི་སྐར་ཚོགས་ལྟ་བུ། བར་སྣང་གི་སྤྲིན། ས་གཞིའི་རྩེ་ཐོག་ལྟར་ཡོད་པ་བོན་གྱི་ལུང་ལས་གསུངས་སོ། ད་དུང་མཚོ་ཡི་ཉེ་འཁོར་དུ་ཧ་སྒོའི་བཙིབས་ཧའི་ཞབས་རྗེས་དང་བཀའ་རྟགས་རང་བྱུང་དུ་མ་མཐོང་རྒྱུ་ཡོད་ཞེས་གསལ།

ཕྱར་ནས་ཡུལ་དེའི་མཛེས་ལྗོངས་ལ་མངགས་བརྗོད་འདི་ལྟར་བརྗོད།

ཀྱཻ། མཛེས་པའི་གངས་རི་དཀར་པོ་འདི། །བརྗིད་ལྡན་རི་རྒྱལ་ལྷུན་པོ་འདྲ། །
རྩེ་མོ་གནམ་མཁའི་དབྱིངས་སུ་རེག ། སྤྲིན་དཀར་དར་གྱིས་གདུགས་ཕུབ་ནས། །
དབུ་ལ་ན་བུན་འཁྱིལ་ཐོད་བཅིངས། ། ཉི་ཟླའི་འོད་ཟེར་ཐ་ལ་ལ། །
རྩ་བའི་ཆུ་གཏེར་ཆ་ག་ཟུག ། ས་གཞི་པད་མ་རྒྱས་འདྲའི་སྟེང་། །
སྣ་ལྔའི་མཛེས་པའི་ཆ་ག་ཅན། ། རྩེ་ཐོག་སྣ་ཚོགས་བསམ་ལས་འདས། །
རི་དྭགས་སྤྲེན་དགུ་རྩེ་བྲོ་བརྡུང་། ། བྱ་སྐད་མང་པོ་ཀྱུ་རུ་རུ། །
འབྲོང་གི་སྨན་དབྱངས་རྒྱུན་དུ་འཁོར། ། སྐྱིད་པ་བྲག་རི་ཇམ་པ་བརྗིད། །
ཐང་དཀར་གཡོག་རྒྱང་འཁོར་ རེ་རེ། ། སྨན་ཕྱུག་ནེ་སེང་སྐྱིད་མོས་ཚལ། །

ལྗོན་ཤིང་གར་སྐབས་ཤིགས་སེ་ཤིགས། །གཙན་གཟན་སྤྱུན་དགུ་འཛུམས་ཤིང་རྒྱུག་ཞེས་གསལ། ཐུར་གྱི་མངགས་བརྗོད་དེ་ཡི་ཐད་ནས་ཏྲ་སྔོའི་གངས་རི་དྭངས་ར་གཡུ་མཚོའི་མཛེས་ལྗོངས་དང་ཐོན་ཁུངས་སོགས་ཕུན་སུམ་ཚོགས་པོ་ཡོད་པ་ཆུ་ནང་ཟླ་བ་བཞིན་གསལ་པོར་མངོན་ཐུབ།

གནས་ཆེན་ལྷ་རི་སྒྲོལ།

གངས་རི་འདི་ནི་སྐྱེ་མོ་རྫོང་ཁོངས་སྐྱེ་མོ་ཕུ་སུམ་པ་ཞེས་པ། སྐྱེ་མོའི་ཕུ་ངོས་ལ་གནས་ཡོད་པས་ན་ཕུ་དང་། སུམ་པ་ནི་སུམ་པའི་རུས་ཤིག་ཡིན་ནམ་སྙམ་པའི་དཔྱད་དགོས་ཤིང་། སྐྱེ་མོ་ཕུ་སུམ་པའི་ཤར་ངོས་སུ་གནས་ཡོད་པའི་གནས་ཆེན་ལྷ་རི་སྒྲོལ་ནི་རི་ཕྲན་དུ་མ་ཚོགས་པའི་དཀྱིལ་དབུས་ནས་གཟིངས་སུ་བཞེངས་པ་ལྟ་བུ། བརྗིད་ཆགས་གཟི་འོད་ཆེ་མེར་གནས་ཡོད་ཅིང་། སངས་རྒྱས་ཆོས་ལུགས་ཀྱི་བཞེད་སྲོལ་དུ། གངས་རི་འདིར་ལྷ་མོ་སྒྲོལ་ལྗན་དཀར་མོ་ཞེས་པ་དེ་གནས་ཡོད་པས། གངས་རིའི་མིང་ལའང་ལྷ་རི་སྒྲོལ་ཞེས་མིང་ཐོགས། སློབ་དཔོན་པདྨ་འབྱུང་གནས་ཀྱིས་དམ་ལ་བཏགས་ནས་གསང་སྔགས་གཏེར་གྱི་སྲུང་མར་བསྐོས། ལྷ་མོ་སྒྲོལ་ལྗན་དཀར་མོའི་ཆ་ལུགས་ནི་འདི་ལྟར་སྐུ་ལ་དར་གྱི་ན་བཟའ་གསོལ། དབུ་ལ་གཡུ་ཡི་ག་མཆོག་གསོལ། ཕྱག་ན་མདའ་དར་དཀར་མོ་བསྣམས། རྒྱབ་ན་གཡུ་མཚོག་ལེགས་པར་བཏགས། དཔལ་ལྡན་ལྷ་རི་སྒྲོལ་པོ་གཙོ་བོ་ན། གཡའ་དང་སྤང་གི་རྩེ་མོ་ན་སྒྲོལ། བཙན་སྐུ་མཁར་ལྷེམས། ཞེས་འབོད་འདུག རི་ཆེན་འདི་ནི་སྐྱེ་མོ་ཁུལ་གྱི་མཐོ་ཤོས་སུ་གྲོགས་ལ། ལོ་རྒྱུས་ཐོག་གནས་འདིར་ཨོ་རྒྱན་པདྨ་འབྱུང་གནས་དང་མཁའ་འགྲོ་ཡེ་ཤེས་མཚོ་རྒྱལ་སོགས་སྒྲུབ་པ་མཛད་ནས་བཞུགས་སྒྲོང་ཡོད་ལ། སྒྲུབ་ཕུག་ཡང་མཇལ་རྒྱུ་ཡོད། ཁྱོན་སྒྲུབ་ཕུག་ཆེ་བ་གཉིས་དང་ཆུང་བ་བཞི་ཙམ་མཇལ་རྒྱུ་ཡོད། གནས་འདིའི་ཡུལ་མི་སོགས་ཀྱིས་གངས་རི་འདི་གནས་རྩ་ཆེར་བརྩི་ཡི་ཡོད། དེ་མིན་ཡུལ་དེར་བོད་ཀྱི་ལོ་རྒྱུས་ཐོག་དུས་རབས་བརྒྱད་པའི་ནང་བོད་གངས་ཅན་དུ་ཡོངས་སུ་གྲགས་པའི་ལོ་ཆེན་བཻ་རོ་ཙ་ནའི་འཁྲུངས་ཡུལ་སྐྱེ་མོ་པ་གན་ཆགས་ཐང་རྡ་ཞེས་པ་དང་། ཙ་ཕྱིལ་གྲོང་ཚོའི་ཕྱིལ་སྨད་ཁོངས་སུ་ལོ་ངོ་བཞི་བརྒྱ་ཙམ་གྱི་ལོ་རྒྱུས་ལྡན་པའི་རིན་ཆེན་རྩེ་ཞེས་པའི་གནའ་ཤུལ་རྫོང་དེ་ནི་སྐྱེ་མོ་ཁུལ་གྱི་དཔང་བསྒྱུར་ཆེ་གྲས་ཤིག་ཡིན་སྲིད། དེ་གར་རྙིང་མའི་དགོན་པ་ཞིག་ཀྱང་ཡོད་པ་དེ། སོག་པོ་ཧུན་གར་གྱིས་བཤིག་པ་སོགས་དམངས་ཁྲོད་ཀྱི་ངག་རྒྱུན་དུ་ཡོད། གངས་རི་འདི་

དགེ་གི་བྱིན་གྱིས་བརླབས་ནས་ཡུལ་དེའི་སྐྱོད་བཅུད་ལྡན་སུམ་ཚོགས་པ་དང་། གངས་རིའི་ཕྱོགས་མཚམས་ཀུན་ནས་གངས་ཆུ་བསིལ་མ་ལྷུང་ལྷུང་འབབ་ནས་མི་ཕྱུག་སེམས་ཅན་ཡོད་དོ་ཅོག་ལ་སྨན་པའི་བདུད་རྩི་བཞིན་རྡ་ཆུ་དཀར་ཆུ་བཟང་བ། ལོ་ཏོག་ཁ་སོགས་འབྱུང་བས། སྒོལ་རྒྱུན་གྱི་ལོ་གསར་དང་ཚེས་བཟང་དུས་བཟང་སོགས་ལ་རང་རང་གི་གཟབ་མཆོར་གང་ལེགས་སྤྲས་ནས་ཀླུང་དར་གཏོང་བ་དང་། བསང་མཆོད་འབུལ་བ་སོགས་བྱེད། ཡུལ་དེའི་ཤཀ་མ་དགོན་གྱིས་བསྐང་གསོ་གནང་བ་དང་། བསྐང་གསོའི་གནས་ཡིག་ནང་ལ་གནས་ཆེན་ལྷ་རི་སྒྲོལ་གྱི་བསྟོད་པ་སོགས་ཞིབ་པར་ཡང་འཁོད། རྟེན་རབས་ངག་རྒྱུན་ལས་ཀྱང་གནས་དེའི་དབུ་རྩེ་ནས་ལྷ་སའི་དགེ་འཕེལ་དབུ་རྩེ་དང་། ཁ་རག་གི་ཇོ་བོ་དང་ཇོ་མོ་ཡང་མཇལ་གྱི་ཡོད་གསུངས་སྲོལ་དང་། གནས་འདི་ནི་རྩ་ཆེན་ཞིག་ཡིན་པར་ངོས་འཛིན་གནང་གི་ཡོད་པ་མ་ཟད། གནས་འདིར་སྒོམ་སྒྲུབ་གནང་མཁན་ཡང་རེ་ཟུང་བཞུགས་བཞིན་མཆིས།

གཉིས་པ། གངས་རི་ཁག་ཅིག་གི་གནས་ཡུལ་ངོ་སྤྲོད་མདོར་བསྡུས།

ལ་ཕྱི་གངས་རི།

གཉའ་ནང་རྫོང་དང་དིང་རི་རྫོང་གི་ས་མཚམས་སུ་གནས་ཡོད། མཐོ་ཚད་རྒྱ་མཚོའི་ངོས་ལས་མིད་7367ཟིན་གྱི་ཡོད། གངས་རི་འདིར་རྣལ་འབྱོར་གྱི་དབང་ཕྱུག་ཆེན་པོ་རྗེ་བཙུན་མི་ལ་རས་པ་སྒྲུབ་པ་ཡུན་རིང་མཛད་ནས་བཞུགས་སྒྲོང་བའི་གནས་བྱིན་ཅན་ཞིག་ཡིན། རྗེ་བཙུན་འདི་ཉིད་འཛིག་རྟེན་ལ་སྐྱེ་བ་དང་། འགྲོ་དྲུག་སེམས་ཅན་ཐམས་ཅད་ལ་བྱམས་སྙིང་རྗེ་བྱང་ཆུབ་སེམས་ཀྱི་སྨྱུ་གུ་རབ་ཏུ་རྒྱས་བཞིན་པར། ཚེ་གཅིག་ལུས་གཅིག་གློས་བཏང་མཛད་ནས་གནས་མི་མེད་ཀྱི་རི་ཁྲོད་ཁོ་ནར་བཞུགས་ཀྱི་ཡོད་པར་རྟེན། དབུས་གཙང་དྭགས་པོ་ཐམས་ཅད་དང་ལྷག་པར་དུ་འདི་ཁུལ་གྱི་དམངས་ཁྲོད་ནང་རྗེ་བཙུན་གྱིས་སྙོམ་བསྲན་ཆེན་པོས་སྒྲུབ་པ་མཛད་ཚུལ་དང་། ལ་ཕྱི་གངས་ཀྱི་གནས་མང་པོ

ཞིག་གི་ས་མིང་ཐོབ་ཚུལ་དང་ཆོས་གསུངས་ནས་ཁྲིད་དུ་འཕགས་པའི་བུ་སློབ་མང་དུ་བྱུང་ཚུལ། དེ་བཞིན་མི་མ་ཡིན་གྱིས་སྒྲུབ་འཆོལ་དུ་ཡོང་བ་མཐའ་དག་ཚར་བཅད་པ་དང་རྩལ་དང་རྫུ་འཕྲུལ་མཛད་པ། ཡུལ་དེའི་སྐྱེས་ཕོ་མོ་ཚང་མས་འདི་ལྷ་བུའི་ཆོས་པ་རྣམ་དག་མཐོང་སྤྱོད་མེད་ཅེས་སྙན་པ་བརྗོད་པའི་གཏམ་རྒྱུད་དང་ལོ་རྒྱུས་དེབ་ཐེར་མང་པོར་འཁོད་ཡོད་པ་འདི་ལྟར་རགས་ཙམ་གླེང་ན། དང་པོ་རྗེ་བཙུན་མི་ལ་རས་པ་འདི་ཉིད་ལ་ཕྱི་གངས་ཀྱི་ར་བའི་གནས་སྒོ་གཉའ་ནང་རྩ་མར་ཞེས་བྱ་བར་བྱོན་པས། ལ་རྩར་སླེབས་པ་ན་མི་མ་ཡིན་གྱིས་ཆོ་འཕྲུལ་དྲག་པོ་བྱུང་། ལའི་གཟུག་ཐེབས་འཕྲུལ་ནམ་མཁའ་འཚུབས། དྲག་པོའི་འབྲུག་ལྡིར་ཞིང་གློག་འཁྱུགས་པ་དང་། ལུང་པ་ཕན་ཚུན་གྱི་རི་ནུར་ནས་ཕུ་ཆུ་འཁྱིལ་ཏེ་ཐ་ཆབས་དྲག་པོ་འབྲུག་པའི་མཚོ་ཆེན་པོ་ཞིག་ཏུ་གྱུར་པ་ལས། རྗེ་བཙུན་གྱིས་ལྟ་སྟངས་མཛད་མཁར་བསྐྱུན་པས་མཚོ་ཞབས་ནས་ཟགས་ཏེ་མེད་པར་སོང་བ་ལ་དམུ་རྫིང་དུ་གྲགས། དེ་ནས་ཅུང་ཟད་བྱོན་པས་མི་མ་ཡིན་རྣམས་ཀྱིས་རི་ཕན་ཚུན་བསྒྲིལ་བའི་བར་ལ་ཕ་བོང་མང་པོ་ཐ་རླབས་འབྲུག་ཅིང་བྱུང་བའི་ཚེ་མཁའ་འགྲོས་ལུང་པ་ཕན་ཚུན་གྱི་བར་དུ་སྦྲུལ་ཐུར་བརྒྱུགས་པ་འདྲ་བ་ཞིག་གི་ལམ་ཕྱུལ་བས་ཐབ་ཞི་བའི་ལམ་དེ་ལ་མཁའ་འགྲོ་སྐྱང་ལམ་དུ་གྲགས། དེ་ནས་མི་མ་ཡིན་སྟོབས་ཆུང་བ་རྣམས་རང་ཞི་ལ་སོང་། ཆེ་བ་རྣམས་སྒྲུབ་མི་ཉེད་ཙུང་ད་དུང་སྒྲུབ་འཆོལ་བ་ལ་མཁའ་འགྲོ་སྐྱང་ལམ་ཇོགས་མཚམས་སུ། རྗེ་བཙུན་གྱིས་ལོག་འདྲེན་ཟིལ་གནོན་གྱི་ལྟ་སྟངས་ཤིག་མཛད་པས། ཆོ་འཕྲུལ་ཀུན་ཞི་ནས་བཞུགས་ས་དེར་རྗོ་ལ་ཞབས་རྗེས་གཅིག་བྱུང་། དེ་ནས་ཅུང་ཟད་གཅིག་བྱོན་པས་ནམ་མཁའ་དངས་ནས་ཐུགས་སྤྲོ་བར་གྱུར་ཏེ་སྐང་ཞིག་ཏུ་བཞུགས་པས། སེམས་ཅན་རྣམས་ལ་བྱམས་པའི་ཏིང་ངེ་འཛིན་འཁྲུངས་པས། ཐུགས་དམ་ལ་ཕོགས་ཤིན་ཏུ་ཆེ་བ་བྱུང་སྟེ་བཞུགས་ས་དེ་ལ་བྱམས་སྐང་དུ་གྲགས། དེ་ནས་ཆུ་བཟང་དུ་བྱོན་ནས་ཆུ་བོ་རྒྱུན་གྱི་རྣལ་འབྱོར་གྱི་ངང་ལ་བཞུགས་པའི་ཚེ་མེ་ཕོ་སྟག་གི་ལོ་སྟོན་ཟླ་ར་བའི་ཚེས་བཅུའི་ནུབ། བལ་པོ་ཧ་རོའི་རྣམ་པའི་གདོན་ཆེན་པོ་ཞིག་གིས་གཙོ་བྱས་པའི་མི་མ་ཡིན་གྱི་དམག་ཆུ་བཟང་ལུང་པའི་གནས་ས་གང་པ་འོངས་ནས་རྗེ་བཙུན་ལ་རི་བསྒྲིལ་བ་དང་། ཐོག་ལ་སོགས་ཏེ་མཚོན་ཆའི་ཆར་དྲག་པོ་འབེབས་པ་དང་། མཚན་

ནས་བོས་ཏེ་ཟུངས་ཤིག སོད་ཅིག་ལ་སོགས་ཏེ་མི་སྙན་པའི་སྨྲ་སྒྲོག་ཅིང་། མི་སྡུག་པའི་གཟུགས་དུ་མ་སྟེན་བྱུང་བས་མི་མ་ཡིན་གྱིས་སླགས་འཚོལ་དུ་འདུག་དགོངས་ནས་རྒྱུ་འབྲས་བདེན་པའི་ཆོས་ཐེངས་མང་མགུར་དུ་གསུངས་སོ། མཐར་མི་མ་ཡིན་རྣམས་ཐབས་ཟད་ནས་རྗེ་བཙུན་ལ་དད་ཅིང་གུས་པར་གྱུར་ནས་ཆོ་འཕྲུལ་ཞི་བར་བྱས་ཏེ། རྣལ་འབྱོར་ངོ་མཚར་ཆེ་ཡིན་ལུགས་ཀྱི་བརྡ་མ་དཀྲོལ་ཞིང་རྟགས་མ་མཐོང་ན་ངེད་རྣམས་ཀྱི་ཀུང་མི་རྟོགས་པར་འདུག་གིས། ད་ཚིག་ཉུང་ལ་དོན་ཆེ་བ། གོ་སླ་བ་འཁྱེར་བདེ་བའི་ཆོས་ཤིག་ཞུ་ཟེར་བ་དང་། རྗེ་བཙུན་གྱིས་ཡིན་པ་བདུན་གྱི་མགུར་སོགས་གསུངས་སོ། དེ་ནས་མི་མ་ཡིན་རྣམས་ཀྱིས་རང་རང་གི་མཐོང་རྣམས་ཕུད་ནས་ཕྱག་དང་སྐོར་བ་མང་དུ་བྱས། ཟླ་བ་གཅིག་གི་འཚོ་བ་ཕུལ་ཟེར་ནས་འཇའ་ཡལ་བ་བཞིན་སོང་ངོ་། དེ་མིན་ལ་ཕྱི་གངས་ཀྱི་རྒྱུད་དུ་གྲང་ངར་ཆེ་བ་དང་། ཁ་བ་མང་བ། བུ་ཡུག་འཚུབ་པ། སེར་བ་མང་བ་སོགས་ཀྱི་རྐྱེན་པས་སྤྱིར་མི་སྡོད་ཐབས་འབྲལ་བ་སོགས་ཀྱི་གནས་ལུགས་གཤམ་གསལ་གྱི་གསུང་མགུར་ནང་ནས་ཅིས་ཀྱང་མངོན་ཐུབ།

དཔལ་དེ་རིང་བཀྲ་ཤིས་ཁྲི་གདུགས་ལ། ཁྱེད་ཕྱག་མཇལ་གྱི་ཡོན་བདག་ཕོ་མོ་དང་། ང་རྣལ་འབྱོར་མི་ལ་རས་པ་གཉིས། འོ་སྐོལ་མ་ཤི་ཐུད་པ་སློ་བ་དགའ། ང་མི་ཏན་གླུ་ཡི་དགོར་མཛོད་ཡིན། བསྟུན་དྲི་མེད་ཀྱི་ལན་དེ་གླུ་ཡི་འཇལ། སྙན་ལྷན་ནེ་གསོན་ལ་ཐུགས་ལ་འཚལ། ཡང་སྟག་གི་ལོ་ཡི་ལོ་གཞུག་ལ། ཡོས་བུའི་ལོ་ཡི་ལོ་མགོ་ལ། ཕ་རྒྱལ་ཟླ་བའི་ཉ་དྲུག་ལ། ང་འཁོར་བའི་ཆོས་ལ་ཡིད་འབྱུང་ནས། འབྲོག་ལ་ཕྱི་གངས་ཀྱི་ར་བ་དེར། མི་ང་ཡང་དབེན་པ་སྟེག་དུ་ཕྱིན། ཁོང་གནམ་ས་གཉིས་པོ་གྲོགས་བྱས་ཏེ། སྤྱི་སེར་རླུང་གི་བང་ཆེན་བཏང་། འབྱུང་བ་ཆུ་ཀླུང་གཡོ་གཡོ་ནས། ནོ་སྤྲིན་སྨུག་འདུན་མར་བསྡུས། ཉི་ཟླ་ཟུང་ཅིག་བཙོན་དུ་བཟུང་། རྒྱུ་སྐར་ཉེར་བརྒྱད་ལྡར་ལ་བརྒྱུས། ཁྱིམས་ཀྱི་གཟའ་བརྒྱད་ལྕགས་སུ་བཅུག དགུ་ཚིགས་སྐྱ་མོ་བསྙོད་ལ་མནན། སྐར་ཕྲན་ཡོངས་ལ་བུད་ཀྱིས་བཏབ། བུད་ཀྱི་མདངས་གཡོགས་ཐ་མ་ལ། ཁ་བ་ཉིན་མཚན་དགུ་བབས། ཆ་ལ་ཉིན་མཚན་བཅོ་བརྒྱད་འབབ། འབབ་ཆེ་སྡེ་ཆེ་བ་བལ་འདབ་ཙམ། འདབ་ཆགས་བྱ་ལྟར་ལྡིང་ཞིང་འབབ། ཆུང་སྡེ་ཆུང་བ་ཕང་ལོ་ཙམ། འབུང་བ་ལྟ་བུར་འཁོར་ཞིང་འབབ། ཡང་ཆུ་སྲན་མ་ཡུངས་འབྲུ་ཙམ། ཁུ་འཕངས་བཞིན་དུ་

འདྲིལ་ཞིང་བབས། ལར་ཁ་བ་ཆེ་ཆུང་ཚོད་ལས་འདས། མཐོ་གངས་དཀར་གྱི་རྩེ་མོ་དགུང་ལ་རེག
དམའ་རྩེ་ཤིང་ནགས་ཚལ་བསྐལ་ཞིང་མནན། རི་ནག་པོ་རྣམས་ལ་སྐུ་དཀར་གསོལ། མཚོ་ཐ་ཆླབས་
ཅན་ལ་དར་ཆགས་བཏབ། གཙང་ཆབ་སྔོན་མོ་སྦུགས་སུ་བཙུག ས་མཐོ་དམན་མེད་པར་ཐང་དུ་
མཉམ། འབབ་དེ་ལྟར་ཆེ་བའི་རང་བཞིན་གྱིས། ཕྱིར་མགོ་ནག་མི་ལ་བཟང་བཙོན་གཡལ། རྐང་བཞིའི་
ཕྱུགས་ལ་ཟུ་གེ་བྱུང་། སྣོས་རི་དྭགས་དམན་མའི་འཚོ་བ་བཅད། སྟེང་འདབ་ཆགས་བྱ་ལ་རྒྱུགས་ཆད་
བྱུང་། འོག་ཐྲ་བ་བྱི་བ་གཏེར་དུ་སྦས། གཅན་གཟན་རྣམས་ལ་ཁ་ཆིངས་བྱུང་། དེ་འདྲའི་སྐྱི་འདོད་སྐལ་
བ་ལ། ང་མི་ལ་རས་པའི་སྒོ་སྐལ་དུ། སྟེང་ན་འབབ་པའི་བུ་ཡུག་དང་། ཀུན་ལོ་གསར་སྨང་གི་ལྷགས་པ་
དང་། ང་རྣལ་འབྱོར་མི་ལ་རས་པའི་རས་གོས་གསུམ། མཐོ་གངས་དཀར་གྱི་སྟོངས་སུ་འཁྲུག་པ་ཤོར།
ཁ་བ་འབབ་རྒྱལ་ཆབ་ཏུ་ཁུར། རླུང་འར་ཞུར་ཆེ་ཡང་རང་སར་ཞི་སོགས་མང་དུ་གསུངས་སོ། རྗེ་
བཙུན་མི་ལ་རས་པའི་གསུང་མགུར་འདིའི་ཐད་ནས་རྗེ་བཙུན་གྱིས་དཀའ་བ་དུ་མ་དབྱད་པ་དང་། ལ་
ཕྱི་གངས་ཀྱི་ར་བའི་ཡུལ་ལྗོངས་དང་། ལྷག་པར་གངས་ཀྱི་འབྱུང་བ་རྣམས་ཞིབ་ལ་གསལ་བ་དེ་དག ཟླ་
གཟུགས་ཆུ་ལ་ཤར་བ་ལྟར་མི་རྣམས་ཀྱི་སྤྱན་ལམ་དུ་གསལ་ལྷང་ངེར་འཆར་ཐུབ།

སྣང་ནམ་གངས་རི།

གངས་རི་འདི་མངའ་རིས་སྨུ་རྫིང་རྫོང་ཁོངས་སུ་གནས་ཡོད། གངས་རི་འདིར་མཐོ་ཚད་རྒྱ་མཚོའི་ངོས་ལས་རྨིད་7694ཟིན་གྱི་ཡོད།

བཀྲ་ཤིས་ཚེ་རིང་མ།

གངས་རི་འདི་དིང་རི་རྫོང་ཁོངས་སུ་གནས་ཡོད། མཐོ་ཚད་རྒྱ་མཚོའི་ངོས་ལས་རྨིད་7134ཟིན་གྱི་ཡོད།

བྲུ་ལེན་གངས།

གངས་རི་འདི་དིང་རི་རྫོང་ཁོངས་སུ་གནས་ཡོད། མཐོ་ཚད་རྒྱ་མཚོའི་ངོས་ལས་མྱིད་6404 ཟིན་གྱི་ཡོད།

ཕོ་མ་གངས།

གངས་རི་འདི་དིང་རི་རྫོང་ཁོངས་སུ་གནས་ཡོད། མཐོ་ཚད་རྒྱ་མཚོའི་ངོས་ལས་མྱིད་7161 ཟིན་གྱི་ཡོད།

ཇོ་མོ་གངས་དཀར།

གངས་རི་འདི་སྙེ་མོ་རྫོང་མར་གྲུང་གི་ནུབ་ངོས་སུ་གནས་ཡོད། ཡུལ་འདིའི་མང་ཚོགས་ཀྱི་ཁ་རྒྱུན་དུ་ཇོ་མོ་གངས་དཀར་ཟེར། དེའི་མཐོ་ཚད་རྒྱ་མཚོའི་ངོས་ལས་རྨིད་7048སྐག་ཙམ་ཡོད། དམངས་གྲོད་ནང་བརྗོད་སྲོལ་དུ་གངས་རི་འདི་བྱིན་རླབས་ཤིན་ཏུ་ཆེ་བས། བུད་མེད་སྐྱ་གུ་མི་འཁོར་བ་ཡིན་ཆེ་ལག་ཏུ་མཆོད་མེ་འཁྱེར་ནས་སྐོར་བ་བྱས་ཚེ་སྐྱ་གུ་འཁོར་གྱི་ཡོད་ཟེར་ལ་སྐྱ་གུ་འཁོར་བའང་མང་པོ་བྱུང་ཡོད།

ཇོ་བོ་དབུ་ཡག

གངས་རི་འདི་དིང་རི་རྫོང་ཁོངས་སུ་གནས་ཡོད། མཐོ་ཚད་རྒྱ་མཚོའི་ངོས་ལས་རྨིད་8201 ཟིན་གྱི་ཡོད།

སྨན་མོ་ནག་སྒྲིལ་གྱི་གངས་རི།

སྟོད་མངའ་རིས་ཕྱོགས་སུ་གངས་ཏི་སི་ཕུད་པའི་གྲགས་ཆེ་ཤོས་ཀྱི་གངས་རི་ལྷ་མོ་དབྱངས་ཅན་མའི་ཕོ་བྲང་དུ་གྲགས་པ་སྨན་མོ་ནག་སྒྲིལ་གྱི་གངས་རི། མཐོ་ཚད་རྒྱ་མཚོའི་ངོས་ལས་རྨིད་7694 ཡོད་པ་སྤུ་ཧྲེང་རྫོང་ཁོངས་སུ་གནས་ཡོད།

གངས་དཀར་རྒྱལ་ཆེན་གནམ་ལྷ་དཀར་པོ།

གངས་རི་འདི་ཀོང་པོ་རྒྱ་མདའ་རྫོང་བྲག་གསུམ་མཚོ་ཡི་བྱང་ཕྱོགས་སུ་གནས་ཡོད། དེའི་མཐོ་ཚད་རྒྱ་མཚོའི་ངོས་ལ་སྨིད6316ཟིན་གྱི་ཡོད། ཡུལ་དེའི་མཛེས་ལྗོངས་ནི་ལྷ་བས་ཆོག་མི་ཤེས་པ། མཐར་འཁོར་དུ་རྩེ་མོ་དགུང་ལ་རེག་པའི་གངས་རིའི་ཕྲེང་བས་བསྐོར་བ། རི་ཀླུང་ནགས་ཀྱིས་བརྒྱན་པ། བྲག་གསུམ་མཚོ་ནི་གཡུ་ཡི་མཆྲུལ་ཕུལ་བ་བཞིན། མེ་ཏོག་སྣ་ཚོགས་རྣམ་པར་བཀྲ་ལ་དྲི་ཞིམ་ཐུལ་བ། ཡུལ་ལུང་གང་ས་གང་ནས་གངས་ཆུ་དང་། སྨན་ཆུ། ཙ་ཆུ། གཡའ་ཆུ། ལྷ་ཆུ་སོགས་ལྷུང་ལྷུང་འབབ་པ། འདབ་ཆགས་སྣ་ཚོགས་ཀྱི་གསུང་སྙན་སྒྲོག་པ་སོགས་མི་རྣམས་ཡུལ་དེར་སླེབས་མ་ཐག་ཡིད་ལ་དགའ་བ་སྐྱེས་ཀྱི་ཡོད། 2000ལོར་རྒྱལ་ཁབ་ཡུལ་སྐོར་ཚད་ནས་ཀ་རིམ་བཞི་པའི་མཛེས་ལྗོངས་སུ་འདེམས་གནང་མཛད་འདུག

བྲག་གསུམ་མཚོ་དང་དེ་མིན་འདི་རྒྱུད་ཀྱི་ཕུ་མདའ་ཚང་མར་གནས་བཤད་དང་ལོ་རྒྱུས་སྣ་ཚོགས་འཛེབས་ལྡན་པ་མང་པོ་འདུག་པས་འདིར་རེ་རེ་བཞིན་མི་བརྗོད། བྲག་གསུམ་མཚོ་ཞེས་པ་དེ་ནི་མཚོ་རྫོང་གནས་ཡིག་ལམ་སྟོན་སྒྲོན་མེ་ལས། དབུས་འགྱུར་གཙུག་ལག་ཁང་ནས་བརྩམས་པས་གཡོན་རུའི་ཡུལ་ཆེན་དཀྱུར་མཆིས་པ་ལས། ཤར་ཀོང་ཡུལ་ཞེས་གྲགས་པའི་ནང་། སྟོ་ཀོང་དང་སྨད་ཀོང་གཉིས་མཆིས་པའི་སྨད་ཀོང་གི་ཆར་བྲག་གསུམ་ལུང་པ་གཡས་ལུང་ན། ཀ་ཡ་མི་འདུལ་ལྷ་ཡི་བྲག གཡོན་ལུང་ན་མཚོ་ཆུང་དྲངས་མ་བཙན་གྱི་བྲག དབུས་ན་སྨན་དང་སླེབ་ལྷུང་རྡོ་རྗེ་བྲག་བཅས་བྲག་གསུམ་ཞེས། རིགས་གསུམ་མགོན་པོས་བྱིན་གྱིས་རླབས་པའི་གནས་དང་། ཕྱར་གླིང་གེ་སར་རྒྱལ་པོས་བདུད་བཏུལ་བའི་གནས་ཐོག་མར་སྲིན་པོ་གན་རྐྱལ་ལྟ་བུའི་སྙིང་དུ་ཆགས་ཤིང་། དེ་ཡང་གནས་བརྒྱད་དུར་ཁྲོད་ཆེན་པོ་བརྒྱད་དང་མཉམ་པའི་གཙུག་ལག་ཁང་སོགས་བྱིན་གྱིས་རླབས་ཅིང་། ཁྲང་གཡས་འབྲུ་ལ། ཁྲང་གཡོན་རྣེ་ཚལ། ཕ་རུ་རྣེ་ཚལ་ཡང་ཟེར། ལག་གཡས་རྫ་བྱ། ལག་གཡོན་གནམ་ཕུབ། ལྟེ་བ་ཀོང་ཡུལ་ནགས་མའི་མཚོ་རྫོང་ཡིན་སོགས་གསུངས་སོ། །

མཚོ་མོ་དེ་ནི་ནར་མོ་གཞུ་དབྱིབས་འདྲ་བ། གཡུ་ཡི་མཆྲུལ་ཕྱུལ་བ་ལྟར་ཡོད། མཚོའི་རྒྱ་ཁྱོན་ལ་སྤྱི་ལེ་ངོས་སྙོམས་གྲུ་བཞི་མ་37.5ཡོད། བརྗོད་སྲོལ་དུ་མཚོ་མོ་དེ་ནི་མཁའ་འགྲོའི་བླ་མཚོའམ་རྙིང་མའི་བླ་མ་འཇའ་ཚོན་སྙིང་པོའི་བླ་མཚོར་གྲགས། མཚོ་དཀྱིལ་དུ་ཟློན་ཤིང་གིས་བསྐོར་བའི་བྲག་གསུམ་དགོན་གནས་ཡོད། རྟེན་གཙོ་ནི་སྤྲུལ་པའི་གཏེར་ཆེན་སངས་རྒྱས་གླིང་པས་ལྕགས་སྤྲེལ་ལོའི་ཟླ་བ་བཞི་པའི་ཚེས་ཉེར་ལྔར་འགྲོ་ཚུགས་མཛད་ནས་བཞེངས་པའི་གུ་རུ་པདྨ་འོད་འབར་（གུ་རུ་དྲག་པོ་）དེ་ཡིན། མཁས་སློབ་ཆོས་གསུམ་དང་ཛ་བོ་ལོ་ཀི་ཤ་ར་རིགས་གསུམ་མགོན་པོ། རྒྱལ་བ་རིགས་ལྔ། མཚོ་བདག་མཚོ་སྨན་རྒྱལ་མོ་རྣམས་སྲས་སོགས་ཀྱི་སྐུ་བཞུགས། མཆོད་རྟེན་གསུམ་ཡོད་པ་ནི། བདུད་བདུལ་མཆོད་རྟེན། ཀླུ་འདུལ་མཆོད་རྟེན། མཚོ་རྫོང་སྤྲུལ་སྐུའི་སྐུ་འབུམ་བཅས་སོ། །

མཚོ་འདི་དག་གི་སྐོར་མང་ཁྲོད་དུ་སྒྲུང་གཏམ་མང་པོ་ཡོད་པ་སྟེ། གླིང་རྗེ་གེ་སར་རྒྱལ་པོས་བདུད་བཏུལ་ནས་བླ་ཤིང་རྣམས་བཅད། བླ་འཁྲོང་བསད། མཚོ་འདི་ཡང་གུ་རུ་པདྨ་འབྱུང་གནས་ཀྱི་

གྲགས་པའི་མཚོ་ཆེན་བརྒྱད་ཀྱི་གྲས་སུ་འདྲེན་གྱིས་བརྣབས་པ་ཡིན་ཞིང་། མཚོ་གཞུང་དུ་གེ་སར་ནོར་བུ་དགྲ་འདུལ་གྱི་ཆིབས་རྟ་རྐྱང་རྒོད་ཀྱི་རྒྱུགས་ལམ་ཡིན་ཟེར་བ་རྣམ་བུ་དཀར་པོའི་ཁ་ཞེང་ཙམ་ཞིག་སྐྱ་ཤར་རེར་ཡོད་ལ་བསྐོད་ནམས་ལས་འགྲོ་ཅན་གྱིས་མཐོང་ཐུབ་ཀྱི་ཡོད་པ་དང་། ལྷག་པར་དུ་ཁོ་བོའི་ཕ་དམ་པ་དེས། ཐུར་ལོ་གཞོན་གྱི་སྐབས་སུ་བྲག་གསུམ་ལ་མཚོ་མཇལ་བར་ཡོང་སྐབས་དགོན་པའི་བར་ཁྲམས་ན་གཡག་གི་གསོབ་ཅིག་ཐོག་ལ་བསྐྱལ་ནས་འདུག་པས་གནས་བཤད་དུ་བྱུང་གི་མཚོ་ཞིག་ལ་ཁལ་གཡག་འདི་མཚོར་ལྷུང་ནས་གཡག་རོ་བྲག་གསུམ་མཚོ་ནས་ཐོན་པ་རེད་གསུངས་སྲོང་ཡོད།

དེའི་ཐད་ནས་བྱང་གི་ཨར་ཙ་མཚོ་དང་བྲག་གསུམ་མཚོ་གཉིས་གཏིང་མཐའ་འབྲེལ་ནས་ཡོད་པ་ར་སྤྱོད་གསལ་པོར་ཐུབ། གཞན་ཡང་ཡུལ་དེའི་ཨ་དར་བགྲེས་སོང་ཞིག་གིས་གསུངས་དོན། མཚོ་འདིར་མཚོ་རྟ་དང་མཚོ་གླང་མཚོ་ལུག་སོགས་གནས་ཡོད། དེ་རྒྱུད་ཀྱི་བ་གླང་གཟུགས་སྟོབས་ཆེ་བ་དང་རྟ་ཡང་སྤུས་ལེགས་ལ་ཆུ་ནང་དུ་ཉལ་བ་སོགས་བྱེད། མཚོ་དེའི་བྱང་ཕྱོགས་སུ་གངས་དཀར་རྒྱལ་ཆེན་གནམ་ལྷ་དཀར་པོ་ཞེས་བྱ་བ་དེ་གནས་ཡོད། ལྷུན་སྡུག་བརྗིད་ཆགས་ལྡན་པའི་གངས་རི་འདི། ཡུལ་དེའི་ཡུལ་ལྷ་གཙོ་བོར་བརྩི་བ་དང་། བརྗོད་སྒྲོལ་དུ་ཐུར་ཧོར་གླིང་གཡུལ་འགྱེད་སྐབས་གླིང་རྗེ་གེ་སར་རྒྱལ་པོས་ཡུལ་ལྷ་དེ་ཁྲིད་འཕགས་ཅན་དུ་གཟིགས་ནས། གོང་ཡུལ་བྲ་གསུམ་གྱི་ཡུལ་ཤིན་ཏུ་སྐྱིད་པོ་ཡོད་སྙོར་ཞུས་ནས། གོང་ཡུལ་བྲག་གསུམ་གྱི་ཡུལ་ལྷར་བསྐོས། བྲག་གསུམ་གྱི་གངས་རི་འདིར་རྒྱལ་ཆེན་གནམ་ལྷ་དཀར་པོ་གནས་ཡོད་པས་ན་གངས་རིའི་མིང་ཡང་འདི་ལྟར་ཐོབ། དུས་དེ་ནས་བཟུང་ཡུལ་མི་ཀུན་གྱིས་རྒྱལ་ཆེན་གནམ་ལྷ་དཀར་པོ་དེ་གོང་པོ་བྲག་གསུམ་ཁུལ་གྱི་ཡུལ་ལྷར་བརྟེན་པར་གྲགས། ལྷོ་ཕྱོགས་སུ་དཔལ་དཀར་གཏེར་ཆེན་ཞེས་པ་རི་དབྱིབས་ནི་ཐངས་ཀྱི་ཐིག་པ་ར་ཙ་ཐུར་དུ་རྒྱུག་པ་ལྟ་བུ། ཤར་གྱི་རི་རྒྱུད་དེ་དང་འབྲེལ་བའི་ལུང་ཕུའི་རི་རྩེར་བྲག་ལངས་གཟུགས་ཅན་ཞིག་ཡོད་པ་དེ་རྐང་ལྟ་བྱས་ཀོ། ཆུ་བཟང་སྨན་པར་འགྱུར་བའི་རྒན་མོ་ཞིག་འདྲ་བའི་ངོ་མཚར་ཆེ་བའི་གཟུགས་བརྙན་མཐོང་རྒྱུ་ཡོད། ཐུར་བོད་ཟླ་དང་པོའི་ཚེས་བཅོ་ལྔ་ཉིན་བྲག་གསུམ་དགོན་པའི་དར་ཆེན་སློང་སྐབས་ཤིན་ཏུ་ཐ་ཉམས་ཆེན་པོ་ཡོད་པ་སྟེ། ཡུལ་མི་རྣམས་ཀྱིས་ལོགས་པ་ཆུ་ཚོད་ལྔ་པ་དྲུག་པ་ཙམ་

ནས་ཡར་ལངས་ཏེ་གཟབ་མཚོར་སྤྲུས་ནས་ཕྱག་དང་མཆོད་འབུལ། བསང་གསོལ་སོགས་བྱེད་བཞིན་དགོན་པས་ཀུང་མཆོད་པ་མང་པོ་བཤམས་པ་དང་དུང་རྒྱ་གླིང་སོགས་ཀྱི་དབྱངས་སྙན་དང་ཆབས་ཅིག་གླང་པོ་ཆེ་སྔོན་པོ་ལངས་པ་ལྟ་བུའི་བསང་དུད་ངོ་མཚར་བས་དཀྲིགས་བཞིན། དར་ཚོན་སྣ་ལྔས་བརྒྱན་པའི་དར་ཆེན་གནམ་ལ་ཀ་བ་བརྫུགས་པ་དང་འདྲ་བ་དལ་པོར་སློང་སྐབས་བྱུང་ནས་གངས་དཀར་གནམ་ལྷ་དཀར་པོས་སྤྲིན་དང་སྲུག་པའི་དཀྱིལ་ནས་གཡར་གྱི་དཔལ་མོའི་མཛུམ་ཞལ་མངོན་པར་བཞད་བཞིན་དུ་བྲག་གསུམ་མཚོ་ལ་ཕྱག་འཚལ་བ་ལྟ་བུ། འགོ་ལྡོག་ལྡེམ་ལྡེམ་གྱི་ཉམས་འགྱུར་དང་སྐབས་རེ་གངས་དཀར་གནམ་ལྷ་དཀར་པོའི་དབུ་རྩེ་ནས་བྱ་ཐང་དཀར་རྒོད་པོ་ཞིག་དགུང་སྔོན་དབྱིངས་ནས་ཤོག་རྩལ་ངོམས་ཤིང་ཕུར་ནས་ཡོང་བ་སོགས་བྱེད། དགོན་པའི་ནང་འཆམ་རྒྱག་པ་དང་མཚོ་མཇུག་གྲོང་མིས་བྲོ་འཁྲབ་གླུ་ལེན་བྱེད་པ། ལ་ལ་ལག་གཉིས་ཀྱི་ཐལ་མོ་སྦྱར་ནས་ཡར་དཀོན་མཆོག་ལ་རྩེ་གཅིག་ཏུ་འགྲོ་དྲུག་སེམས་ཅན་ཐམས་ཅད་ངན་སོང་ལ་མི་ལྟུང་བ་དང་འཆར་ཆུ་དུས་སུ་འབབ་པ། མི་ནད་ཕྱུགས་ནད་མེད་པ་རྩེ་ཤིང་མེ་ཏོག་བཟང་བ་རྒྱལ་ཁམས་བདེ་སྐྱིད་ཡོང་བ་ཤོག་ཅེས་སྨོན་ལམ་འདེབས་ཀྱི་ཡོད།

ཀེ་ལ་གངས་རི།

གངས་རི་འདི་གཉའ་ནང་རྫོང་ཁོངས་སུ་གནས་ཡོད། མཐོ་ཚད་རྒྱ་མཚོའི་ངོས་ལས་རྨིད་6846 ཟེན་གྱི་ཡོད།

ཁར་གངས་ཅན།

ལྷ་གངས་རི་འདི་མཚོ་ཆེན་རྫོང་ཁོངས་སུ་གནས་ཡོད། མཐོ་ཚད་རྒྱ་མཚོའི་ངོས་ལས་རྨིད་ 6846ཟེན་གྱི་ཡོད།

ཀུ་ལ་ཁ་རི།

ལྷོ་ཁ་ས་གནས་ལྷོ་བྲག་རྫོང་ཁོངས་སུ་གནས་ཡོད། གཙོ་བོའི་རི་རྩེ་གསུམ་ཡོད། རི་རྩེ་དང་པོའི་མཐོ་ཚད་རྒྱ་མཚོའི་ངོས་ལས་སྨིད་7838དང་རི་རྩེ་གཉིས་པ་ལ་མཐོ་ཚད་སྨིད་7418རི་རྩེ་གསུམ་པ་མཐོ་ཚད་སྨིད་7381ཟིན་གྱི་ཡོད།

བསམ་གཏན་གངས་བཟང་།

གངས་རི་འདི་ནག་ཆུ་ས་གནས་སུ་གནས་ཡོད།

གངས་རི་འདིའི་མཐོ་ཚད་རྒྱ་མཚོའི་ངོས་ལས་སྨིད་6590ཟིན་གྱི་ཡོད།

གངས་རི་དཀར་པོ། གངས་རི་འདི་སྤོ་ཡུལ་དང་མེ་ཏོག་རྫོང་གི་བར་ན་གནས་ཡོད།

རྨ་ཆེན་སྤོམ་ར། དེ་ཡང་སངས་རྒྱས་ཆོས་ལུགས་ཀྱི་བཞེད་སྲོལ་དུ་བོད་ཀྱི་ལྷ་ཆེན་བཅུ་གཉིས་ཀྱི་ནང་ཚན་རྨ་ཆེན་སྤོམ་ར་གནས་པའི་གངས་རི་སྟེ། རྨ་ཆུ་ཡང་གངས་རི་འདི་བརྒྱུད་པས་རྨ་ཆེན་སྤོམ་ར་ཞེས་མིང་ཐོགས་པ་ཡིན། མདོ་ཁམས་ཕྱོགས་ཀྱི་བོད་རིགས་ཚོས་ལོ་གསར་ཚེས་གསུམ་དང་སྐྱེས་སྐར་གསོལ་བའི་སྲོལ་སོགས་ཡོད།

སྨི་ཙ་གངས་དཀར། གངས་རི་འདི་མཚོ་སྔོན་ཞིང་ཆེན་བོད་རིགས་རང་སྐྱོང་ཁུལ་གྱི་ཤར་རྒྱུད་དུ་གནས་ཡོད། དེ་མིན་བོད་ཀྱི་ས་གནས་གང་སར་རྒྱ་མཚོའི་ངོས་ལས་མཐོ་ཚད་སྤྱི་ཁྲི་བདུན་སྟོང་དང་དྲུག་སྟོང་ཡན་གྱི་གངས་རི་མང་པོ་ཡོད་པས་འདིར་རེ་རེ་མི་བརྗོད་དོ།

ལྷ་སྒོད་གངས་རི། ལྷ་རྩེ་རྫོང་ཁོངས་སུ་གནས་ཡོད། མཐོ་ཚད་རྒྱ་མཚོའི་ངོས་ལས་སྨིད་6457ཟིན་གྱི་ཡོད།

གཙང་ལྷ་ཡབ་ཡུམ།

གཙང་ལྷ་ཡབ་ཡུམ་གཉིས་ཞེས་པའི་གངས་རི་འདི་དག་གི་མཐོ་ཚད་རྒྱ་མཚོའི་ངོས་ལས་སྨིད་6496དང་རི་རྩེ་གཉིས་པར་མཐོ་ཚད་རྒྱ་མཚོའི་ངོས་ལས་སྨིད་6323ཡོད། གཉའ་ལམ་རྫོང་ཁོངས་སུ་གནས་ཡོད་ཅིང་། ས་གནས་འདི་གའི་མང་ཚོགས་ཀྱིས་གངས་རི་འདི་ནི་བོད་ཀྱི་ལྷ་ཆེན་བཅུ་གསུམ་གྱི་ཡ་རྒྱལ་ཡིན་པར་གྲགས་ལ་ཆོས་བཟང་དུས་བཟང་ལ་གསོལ་ཞིང་མཆོད་པར་བྱེད།

བོད་ཀྱི་ཤར་རྒྱུད་ཞིང་ཆེན་གཞན་དུ་ཡོད་པའི་བོད་རིགས་རང་སྐྱོང་ས་གནས་སུའང་སྐད་གྲགས་ཡོད་པའི་གངས་རི་མང་པོ་ཡོད་པ་སྟེ། དཀར་མཛེས་ཁུལ་གྱི་སྡེ་དགེའི་ཤར་རྒྱུད་དུ་སྡེ་དགེ་ཁྲོ་ལ་དང་། དར་རྩེ་མདོའི་ནུབ་ངོས་སུ་ཡོད་པའི་མི་ཉག་གངས་དཀར་སོགས་ཡོད།

ཙོ་དེ་གུང་རྒྱལ།

གངས་རི་འདི་སྟོ་ཁ་ཟངས་རི་རྫོང་འོལ་དགའ་ས་ཁུལ་དུ་གནས་ཡོད། ཙོ་དེ་གུང་རྒྱལ་ཞེས་པའི་གངས་རི་དེ་ནི་སྟོ་ཁ་ཟངས་རི་རྫོང་འོལ་དགའ་ཆོས་ལུང་དགོན་པའི་རྒྱབ་ངོས་ཁོ་ནར་གནས་ཡོད་ཅིང་། སངས་རྒྱས་ཆོས་ལུགས་ཀྱི་བཞེད་སྲོལ་དུ། བོད་ཀྱི་སྲིད་པའི་ལྷ་ཆེན་དགུའི་ཡ་རྒྱལ་དང་། ཡར་ལྷ་ཤམ་པོའི་ཡབ། ཡུལ་དེའི་གཞི་བདག་བཙས་ཡིན་པར་གྲགས། གངས་རི་འདིའི་གསོལ་མཆོད་ཞིབ་པ་ནི་རྫིང་ཕྱི་དགོན་ནས་བྱེད།

རོང་བཙན་ཁ་བ་དཀར་པོ།

གངས་རི་དེ་ནི་བོད་རང་སྐྱོང་ལྗོངས་ཁོངས་སྨར་ཁམས་རྫོང་དང་ཡུན་ནན་ཞིང་ཆེན་བདེ་ཆེན་རྫོང་ཚ་བ་རོང་ས་མཚམས་སུ་གནས་ཡོད། ཁ་བ་དཀར་པོའི་མཐོ་ཚད་རྒྱ་མཚོའི་ངོས་ལས་སྨིད་6740ཡོད་པ་དང་། སྨིད་6000ཡན་གྱི་གངས་རི་བཅུ་གསུམ་ཡོད་པས་ལྷ་སྲས་བཅུ་གསུམ་ཡང་གྲགས། ཕྱིས་རོང་བཙན་ཁ་བ་དཀར་པོར་རྒྱ་སྐད་དུ་梅里雪山ཞེས་འབོད་ཀྱི་འདུག   རྒྱུ་མཚན་ནི་སྔར་རྒྱ་རིགས་ཤིག་གིས་རི་རྒྱུད་དེ་གང་ཡིན་ནམ་ཞེས་ཡུལ་མིར་འདྲིས་པས། རི་བོ་འདི་རྒྱུད་སྨན་རིགས་སྣ་ཚོགས་སྐྱེས་ཡོད་པས་སྨན་རི་ཞེས་ཟེར་བརྗོད་དུས་དེ་ནས་བཟུང་རྒྱ་ཡིག་ཏུ་梅里雪山ཞེས་བསྒྱུར་བཟོ་བྱས། གནས་ཁ་བ་དཀར་པོ་འདི་གནས་ཆེན་ཡིན་པས་ལོ་ལྟར་ཡུན་ནན་དང་། བོད་ལྗོངས། ཟི་ཁྲོན། མཚོ་སྔོན། ཀན་སུ་སོགས་ནས་དད་ལྡན་སྐྱེ་བོ་འབོར་ཆེན་བྱུང་བ་དྲི་ལྡན་མེ་ཏོག་ལ་འཁོར་བ་བཞིན་མཇལ་བར་ཡོང་གི་ཡོད། གནས་འདིར་བསྐོར་བ་རྒྱག་སྐབས་སྔར་ཨ་གདོང་གྲུབ་ལ་ཁར་འགོ

བཙུགས་ནས་འགྲོ་བ་དང་། དེང་རྒྱུ་རྐྱེན་སྣ་ཚོགས་རྐྱེན་པས་ནང་སྐོར་གྱི་འགོ་འཛུགས་ཡུལ་དེ་འཛོལ་ཇོང་མཁར་དང་ཐག་ཉེ་བའི་བཟུང་སྟེང་མཆོད་རྟེན་དཀར་ཆུང་དུ་གཏན་འབེབས་བྱས་འདུག

རྒྱང་མཇལ་ཞུ་སྐབས། གངས་རི་སྨན་མོ་མཚོ་དང་། རྒྱལ་བ་རིགས་ལྔ། སྣམ་སྣང་། རིན་ཆེན་འབྱུང་གནས། འོད་དཔག་མེད། དོན་གྲུབ། མི་བསྐྱོད་པ་བཅས་ལྷའི་དམག་དཔོན་དགྲ་འདུལ་དབང་ཕྱུག གནས་དཔའ་བོ་དཔའ་མོ། གནས་ཆེན་ཁ་བ་དཀར་པོ། བཙན་མགོ་ལྷུམ་བཅས་མཇལ་གྱི་འདུག གངས་རི་འདི་དག་བརྟེད་ཆགས་ཅིང་ལྟ་ན་སྡུག་པ། ངོ་མཚར་ཆེ་བས་མཇལ་མ་ཐག་དད་པའི་སྤྲོ་ཡོང་གཡོ་ཞིང་། ཡིད་ལ་དགའ་བ་སྐྱེར་བ། སེམས་ཞི་བ། ལུས་བདེ་བ་སོགས་ཡོང་གི་ཡོད། ལོ་ངོ་སུམ་ཅུའི་གོང་དུ་ཨ་རིའི་མཁས་དབང་ཞིག་གིས་ཁ་བ་དཀར་པོ་ནི་འཛམ་གླིང་ན་མཛེས་ཤོས་ཀྱི་རི་བོ་ཞིག་རེད་ཅེས་བསྔགས་བརྗོད་བྱེད་མྱོང་ཡོད། ཕོ་བོ་ཐེངས་གསུམ་སླེབས་ཀྱང་རི་རྩེར་འཛེགས་ཐུབ་མེད། ཡང་དེ་སྔ་ཉེ་ཧོང་རི་འཛེགས་པས་རྩེ་མོར་འཛེགས་རྩིས་བྱས་ཀྱང་སྐབས་མི་ལེགས་པར་ཚང་མ་གངས་བརྡིབས་ཀྱིས་རྐྱེན་ལམ་དུ་སོང་འདུག རི་བོ་དེ་ནི་རྙིང་མ་བའི་ཆོས་ལུགས་ཀྱི་སྲུང་མ་ཞིག་ཡིན་པའི་བཤད་སྲོལ་འདུག གནས་སྲུང་གཙོ་བོ་ནི་དཔལ་ཆེན་བསྙེམས་པ་ཧེ་རུ་ཀའི་འཁྱིལ་ལས། ངོ་བོ་གཞིས་སྐྱོང་ཆེ། ལྷ་བཙན་ཛམས་ཆེན་སྤྱན་རིང་ནི་སྐུ་མདོག་དཀར་ལ་འོད་ཟེར་འབར། རྟ་དཀར་ཆིབས་ཤིང་བེར་དཀར་གསོལ། གཡས་ན་དར་དཀར་བ་དན་དང་། གཡོན་པས་ཡིད་བཞིན་ནོར་བུ་བསྣམས། དབུ་ལ་རིན་ཆེན་སོག་ཞྭ་དང་། ཞབས་ལ་སག་རིའི་ལྷམ་ཆེན་གསོལ། འཁོར་གསུམ་སྙེད་བཅིངས་རབ་ཏུ་བརྗིད་པ་ཞིག་འདུག་གོ ། ཡུལ་དེའི་མཛེས་ལྗོངས་ནི་ཀརྨ་པ་རང་བྱུང་རྡོ་རྗེས་བསྔགས་བརྗོད་མཛད་ཞིང་ཨོཾ་བཛྲ། ར་ཛ་ཁམ། ཀྱེ་ཀྱེ། རྡོ་རྗེ་གདན་གྱི་བྱང་ཤར་མཚམས། དེ་ཕ་གོ་ཏའི་གནས་ནི། རྗེས་འབྲེལ་ཙ་རི་ཏྲ་ཡི་ཀ། རོང་བཙན་ཁ་བ་དཀར་པོ་ཞེས། ཕྱི་ལྟར་གངས་རི་ལྷུན་ཆགས་ཤིང་། ལྗོན་ཤིང་སྨན་དང་མེ་ཏོག་སོགས། མཛེས་པས་ཕྱོགས་ཀུན་རྣམ་པར་བརྒྱན། འབབ་ཆུ་ཆུ་མིག་མཚོ་ལ་སོགས། ཡན་ལག་བརྒྱད་ལྡན་ཆུ་གཙང་གི མཆོད་ཡོན་རྣམ་བཀོད་བྱ་དང་ནི། རི་དྭགས་སྤྲེ་སྤྲུག་སྣ་ཚོགས་ཀྱི། སྐད་འཛོ་གར་བསྒྱུར་དབྱངས་སྙན་དབབ། སྤྲིན་སྤྲུངས་འཇའ་ཚོན་ན་བུན་གཏིབ། གྲུབ་པའི་རིག་འཛིན་དྲང་

སྒྲོང་ཚོགས། དུ་མས་བསྐྱེན་པའི་གནས་མཆོག་སྟེ། ནང་ལྟར་འཁོར་ལོ་བདེ་མཆོག་གི དཀྱིལ་འཁོར་ཆེན་པོའི་ལྷུན་གྱིས་གྲུབ། གསང་བ་བདེ་སྟོང་ཟུང་འཇུག་མཆོག ཨེ་ཝཾ་གཉིས་མེད་དག་པའི་གནས་ཞེས་བསྟགས་བརྗོད་གནང་བ་ཁོ་ན་བཞིན་ཡོད་དོ། གནས་ཆེན་ཁ་བ་དཀར་པོའི་ནང་དང་ཕྱི་བསྐོར་ཆ་ཚང་ལ་ཞག་ཉི་ཤུ་ལྷག་ཙམ་འགོར་གྱི་ཡོད། ཁ་བ་དཀར་པོའི་འབབ་ཆུར་འགྲོ་སྐབས་ནགས་མཛེས་ལ་བརྒལ་ནས་གླིགས་བམ་གྲོང་དུ་སླེབས་ཐུབ། ཁ་བ་དཀར་པོར་ལྗོན་ཤིང་འདྲ་མིན་སྣ་ཚོགས་དང་། སྨན་རིགས་སྣ་ཚོགས། མེ་ཏོག་རྣམ་པར་བཀྲ་བ་སོགས་མཛེས་པོ་ཡོད་པས། ཀརྨ་པཀྵི་ཡིས་ནགས་རྫོང་ལའམ་ནགས་མཛེས་ལ་ཞེས་མཚན་གསོལ། ཁ་བ་དཀར་པོའི་འབབ་ཆུའི་ལམ་བར་དུ་གནས་བཤད་མང་དག་ཡོད་པ་སྟེ། རོབ་ཙམ་ཞུས་ན། ཤར་གླིགས་བམ་གྲོང་ཚོའི་དཀྱིལ་དུ་རྡོ་ཕ་བོང་ཡ་མཚན་ཅན་ཞིག་མཇལ་རྒྱུ་ཡོད་པ་དེ་ནི་ཀརྨ་པཀྵི་ཡིས་གཏེར་ནས་བཞེད་དེ་གནས་ཆེན་ཁ་བ་དཀར་པོའི་བདེ་མཆོག་ཕོ་བྲང་གི་རྒྱལ་སྒོ་དབྱེ་བའི་ལྡེ་མིག་ཡིན་པར་གྲགས། དེའི་ཉེ་འཁོར་དུ་གླིགས་བམ་ལྷ་ཁང་ཞེས་ཐུ་ཉམས་ལྡན་པ། ཆོས་འབྱུང་གྲུ་གསུམ་ཞེས་པའི་སྤྲངས་ཐང་དང་། རྗེ་ཡབ་སྲས་གསུམ་རྟེན་གཙོར་བཞུགས་པའི་རི་བོ་དགེ་ལུགས་པའི་ལྷ་ཁང་། རྗེ་ཡབ་སྲས་གསུམ་གྱི་བླ་ཤིང་དང་། ཆབ་མདོ་འཕགས་པ་ལྷ་ཡི་བླ་ཤིང་སོགས་མཇལ་རྒྱུ་ཡོད། བན་དེ་རི་ཞེས་པ་རྒྱུད། དྲག་ཐུགས་མཚམས་ཁང་དང་གནས་རྒྱབ་བྲག་རྩ་རི་ཞེས་པའི་གནས། ནགས་ཁྲོད་ནས་ཨ་ཀང་ལམ་དེད་དེ་འགྲོ་སྐབས་སློབ་དཔོན་པདྨ་འབྱུང་གནས་ཀྱི་སྒྲུབ་ཆུ་དང་། མཁའ་འགྲོའི་གནས། མ་ཧཱ་རང་བྱོན་ཡོད་པས། དེ་མི་སུས་མཇལ་ཐུབ་ཚེ་སྨྱུན་རས་གཟིགས་མཇལ་བ་དང་ཁྱད་མེད་པར་གྲགས། བྲག་དེའི་འོག་ཏུ་ཚེ་རིང་མཆེད་གསུམ་གྱི་སྐུ་མཇལ་རྒྱུ་འདུག དེ་ནས་རིམ་གྱིས་བསངས་ཁྲི་ཡི་རང་བྱོན་དང་། སློབ་དཔོན་པདྨ་འབྱུང་གནས་ཀྱི་སྒྲུབ་ཕུབ་དང་། རི་ཕུག་བར་དོ་འཕྲང་ལམ་ཞེས་པ་ཤིན་ཏུ་ཧམ་བཙེད་ལྡན་པ། དཀྱིལ་ཁམས་བཅོ་བརྒྱད་ལ་སོགས་ཡ་མཚན་ཅན་གྱི་གནས་མང་པོ་མཇལ་རྒྱུ་འདུག དེ་ནས་ལ་ཞིག་འཛེགས་ན་གླིགས་བམ་འབབ་ཆུ་མཇལ་ཐུབ། ཡུལ་མི་ཚོས་བསོད་ནམས་འབབ་འཕྱུར་ཟེར་ཞིང་མཁའ་འགྲོ་ཡེ་ཤེས་མཚོ་རྒྱལ་དང་། སངས་རྒྱས་སྟོང་གི་བྱིན་རླབས་བུམ་ཆུ་ཡིན་ནོ། བརྗོད་སྒྲོལ་དུ་མི་སྡིག་ཅན་གྱི་སྡིག་སྒྲིབ་

དག་ཞིང་། ཐིག་མེད་ལ་དངོས་གྲུབ་ཁྱད་འཕགས་ཐོབ་པར་གྲགས། དེ་བས་ཡ་མཚན་ནི་བསོད་ནམས་འབབ་འཕྱུར་ཞེས་མིང་དུ་གྲགས་པ་བཞིན། མི་བསོད་ནམས་ཅན་གྱིས་ཆུ་འབབ་འཕྱུར་གྱི་ཁྲུས་གསོལ་ཐོབ་པ་ལས། མི་བསོད་ནམས་མེད་མཁན་ཚོ་ཆུ་འཕྱུར་འོག་ཏུ་འགྲོ་ན་ཆུ་བར་སྣང་ནས་ཁ་ཕྱོགས་བསྒྱུར་བའམ་ཆུ་རྒྱུན་ཆད་པ་སོགས་བརྗོད་སྤྲོལ་མང་པོ་འདུག་པས་འདིར་རེ་རེ་མི་བརྗོད་དོ།

བསོད་ནམས་འབབ་འཕྱུར་ནས་སླར་གླིགས་བམ་གྲོང་སྟོད་དུ་ལོག་ནས་གནས་ཆེན་ལྷ་མཚོ་མཇལ་བར་འགྲོ་བའི་ལམ་བར་དུ་གནས་ཆེན་བྲོ་ར་དང་རྫམ་ཟླ་ལ་ཏ་ཕག་ཡབ་ཡུམ། ཤྭ་བ་དགུ་འཛམ། མཁའ་འགྲོ་མ་ཡི་གཏེར་སྒམ་མེ་ཏོག་སྤང་སྟེང་། ཁ་བ་དཀར་པོའི་གཏེར་སྒམ། ཁ་བ་དཀར་པོ་དགུང་ལོ་བརྒྱད་སྐབས་ཀྱི་ཞབས་རྗེས། བྱེ་བ་ལུང་སོགས་མཇལ་རྒྱུ་ཡོད།

ཤར་གླིགས་བམ་གྲོང་ཚོ་ཟེར་བ་ནས་བསྐྱུར་དུ་ཆུ་ཟླ་འགྲམ་ལོག་སྟེ། མི་ལོང་གྲོང་ཚོ་ཟེར་བར་འགྲོ། མི་ལོང་གྲོང་ཚོ་ཟེར་བ་དེ་ནི་ཁ་བ་དཀར་པོའི་འདབས་སུ་གནས་ཤིང་། ཁ་བ་དཀར་པོའི་ཁྲབ་ཏུ་བཀོད་པའི་མེ་ལོང་དང་། ཕྱག་ཏུ་བཟུང་བའི་མདའ་དར་སྟེང་བཏགས་པའི་མེ་ལོང་ཡིན་པས་གྲོང་པའི་མིང་ཡང་དེ་ལྟར་ཆགས་པར་གྲགས། མི་ལོང་གྲོང་ཚོ་ནས་ཁ་བ་དཀར་པོའི་ཕྱོགས་སུ་སྐྱོད་པ་ལ་དང་ཐོག་བྱང་ཆུབ་མཆོད་རྟེན་ཞིག་མཇལ་རྒྱུ་ཡོད་པ་དེ་ནི་མི་ཀུན་གྱིས་ཀརྨ་པཀྵི་ཡིས་བཞེངས་པར་གྲགས། འགྲམ་དུ་མི་ལོང་ཆུ་བོ་དལ་གྱིས་རྒྱུག་བཞིན་དེའི་སྟེང་ཟམ་པ་ཞིག་ཡོད་པ་དེ་ནི་རྒྱ་བཞག་ཟམ་པ་ཞེས་པའོ། སྔར་གྱི་ཟམ་པ་ཐབས་ཆག་ཞིག་ལས་མེད་པས་བླ་མ་གསུང་རབ་ཞེས་པས་འདིར་དགོན་པ་བཞེངས་པར་ཕེབས་ཏེ་ཡུལ་མི་ཚོས་ཞུ་བ་ལྟར་ཟམ་པ་ཛེ་ལེགས་སྐྲུན་ནས་མིང་ཡང་རྒྱ་བཞག་ཟམ་པ་ཞེས་འབོད། དེ་འགྲམ་ལ་མོ་ཞིག་རྒྱུག་དགོས་པས་ལ་ཡི་སྒྲ་སྐྱ་ཟེར་ཞིང་། ཀརྨ་པས་རི་སྐྱ་དེ་ཡན་དུ་ནགས་གཅོད་པ་དང་། མཚོན་མི་མདའ་དང་། རྟ་ཡི་མདུང་གསུམ་སོགས་ཁྱེར་མི་ཆོག་པའི་བཀའ་རྒྱ་བསྒྲགས། བླ་མ་གསུང་རབ་ཞུ་བས་ཀྱང་ལ་སྒྲ་དེ་ཡན་མི་ལོང་གྲོང་མིས་ཁང་པ་རྒྱག་མི་ཆོག་པའི་བཀའ་རྒྱ་བསྒྲགས། དེ་ནས་ཨ་མ་ཇོ་འབུམ་ཞེས་པར་སླེབས་དེ་ཡང་སྔར་ཨ་མ་རྒན་མོ་ཞིག་གནས་མཇལ་ལ་ཡོང་ནས་འདིར་གྲོངས་པ་དང་དེ་ལ་ཇོ་ཕུ་ཞིག་བཞེངས་པར་ཨ་མ་ཇོ་འབུམ་ཞེས་མིང་ཡང་

ཆགས། དེ་ནས་དམ་ཅན་མགར་ནག་བྲག་ཏུ་སླེབས་ཤིང་། འདིར་ཁ་བ་དཀར་པོའི་བང་མཛོད་ཡིན་ཟེར་བའི་བྲག་ཞིག་ཡོད་པར་སླེབས། ཡར་ཙམ་ན་བླ་མ་གསུང་རབ་ཞུ་བས་ཁ་བ་དཀར་པོའི་གནས་སྒྲུང་ཁྲུང་སྟག་གི་སྤྲུལ་པ་བྱེ་ལ་ཞིག་རྒྱ་གར་ལ་ཕོ་ཉར་འཕྲིན་སྐྱེལ་ལ་མངགས་པར་གྲགས། དེར་མཁའ་འགྲོ་མའི་མོ་མཚན་རང་བྱོན་དང་། བདེ་མཆོག་ཕོ་བྲང་མཇལ་བའི་སྒོ་ཐེམ། མཁའ་འགྲོ་མའི་ཚོགས་གཞོང་། ཀརྨ་པ་ཡི་རྗེ་ཁྲི་སོགས་མཇལ་རྒྱུ་ཡོད། དེ་ཡར་དགོན་སྨད་ལྷ་ཁང་ཞེས་པ་དང་། སྐོར་ལམ་དུ་ཀརྨ་པ་རང་བྱུང་རྡོ་རྗེ་དགུང་གྲངས་བརྒྱད་སྐབས་ཀྱི་ཞབས་རྗེས། ལྷ་ཁང་རྒྱབ་ཏུ་དུར་ཁྲོད་ཡོད་ལ་ཆོས་འབྱུང་གི་རང་བྱོན་དང་། མཁའ་འགྲོ་མའི་བྲོ་ར་རེད་ཟེར་བ་སོགས་མཇལ་རྒྱུ་ཡོད། མེ་ལོང་དགོན་སྨད་ཀྱི་བརྒྱུད་དུ་ཁ་བ་དཀར་པོའི་ཆིབས་ཏ་བཏགས་སའི་ཤིང་སྡོང་དང་། སློབ་དཔོན་པདྨ་འབྱུང་གནས་ཀྱི་བཞུགས་ཁྲི། ཁྲོ་གསོལ་གནང་སའི་འབབ་ཆུ་ཆུང་ངུ་ཞིག་དང་། ཟུར་དུ་ཁ་བ་དཀར་པོ་དགུང་ལོ་བརྒྱད་སྐབས་ཀྱི་ཞབས་རྗེས་སོགས་མཇལ་རྒྱུ་མང་པོ་ཡོད། དེ་ནས་ཡར་འགྲོ་ཚེ་དགོན་སྟོད་ལྷ་ཁང་དུ་སླེབས། སྒོ་བྱང་ཡིག་གེ་ཞིག་ཡོད་པ། བོད་ཡིག་ཏུ་བདེ་མཆོག་ཕོ་བྲང་གི་བྱིན་རླབས་ཅེས་བཀོད་པའི་ཞབས་ལ་རྒྱ་ཡིག 青天为公ཞེས་ཡིག་འབྲུ་བཞི་ཡོད་ཟེར་ཙང་དེང་མཐོང་རྒྱུ་མེད།

གནས་ཆེན་ཁ་བ་དཀར་པོའི་རྒྱབ་སྐོར།

གནས་ཆེན་ཁ་བ་དཀར་པོའི་སྐོར་ལམ་ལ་རྒྱབ་སྐོར་དང་། ནང་སྐོར་ཞེས་ཁག་གཉིས་སུ་དབྱེ་ཡོད། ནང་སྐོར་ལ་ཉིན་གཉིས་ཙམ་དང་། རྒྱབ་སྐོར་ལ་གང་ཟག་སོ་སོའི་གོམ་བསྲན་མི་འདྲ་བས་ཕྱིར་ཉིན་བཅུའི་གཡས་གཡོན་ལ་སྐོར་བ་ཐེབས་ཀྱི་ཡོད། ལོ་རྒྱུས་ཀྱི་ཡིག་རྙིང་དང་དེ་བརྒྱུད་ཡུལ་མི་རྣམས་ཀྱི་ངག་རྒྱོས་དུ་ནང་སྐོར་ལས་རྒྱབ་སྐོར་གྱི་ཕན་ཡོན་ལྷག་འགྱུར་གྱི་ཆེ་བས་ཆེས་གཙོ་བོར་འཛིན། ཡིག་རྙིང་དུ་གནས་ཆེན་ཁ་བ་དཀར་པོར་རྒྱབ་སྐོར་ཐེངས་གཅིག་བསྐྱོད་ཚེ་མ་ཎི་ཡིག་དྲུག་དུང་ཕྱུར་བརྒྱ་བཟླས་པ་དང་དགེ་བ་མཚུངས་ཤིང་ལྷག་པར་གཡང་དཀར་ལུག་གི་ལོ་ལ་རྒྱབ་སྐོར་ཐེངས་གཅིག་བསྐྱོད་ན་མ་ཎི་ཡིག་དྲུག་དུ་ཕྱུར་ཆིག་སྟོང་བདུན་བརྒྱ་བཟླས་པའི་དགེ་བ་ལྡན་ཚུལ་གསལ་པོར་བཀོད་ཡོད། རྒྱབ་སྐོར་གྱི་དགེ་བའི་ཕན་ཡོན་མི་ཀུན་གྱི་ཤེས་ནའང་དངོས་སུ་འགྲོ་མཁན་ནི་མང་པོ་མ་

མཆིས། རྒྱུ་དང་རྐྱེན་འགེགས་དང་བཅས་པའི་བར་ཆད་དབང་གིས་མ་ཚད་པར་རྒྱབ་སྐོར་གྱི་གནས་ལམ་དུ་བྲོག་རོང་ལུང་སྟོང་དང་རི་མཐོ་གོད། ལུང་བཙན་ཀླུང་ཆེ་བས་དཀའ་ཚེགས་ཆེན་པོ་ལྡན་ལ་ལྷག་པར་དུ་དེང་དུས་ཀྱི་མི་ཕལ་མོ་ཆེ་སྣང་གྱི་མི་ལྟ་བུའི་རྟེ་གཅིག་དད་སེམས་མི་ལྡན་ཞིང་གོམ་བསྲན་དང་བརྩོན་པའང་དེ་ཙམ་མེད་པའི་ཐོག་ལུས་པོའི་སྟོབས་ཀྱང་བསོད་ནམས་ཟད་པ་དང་འདྲ་བར་མི་རབས་རེ་བཞིན་ཇེ་ཞན་དུ་གྱུར་པས། རྒྱབ་སྐོར་དུ་འགྲོ་བ་ནི་དེ་བས་དཀའ་བའོ། འདིར་ཁོ་བོས་གནས་བཤད་རྒྱག་པ་ལས་གནས་ལམ་མ་ཤོད་ཟེར་བ་ལས་འགལ་སོང་བས་གཤགས་པར་དགྱེས་པའོ། །ཨོཾ། ལོ་རྒྱུས་ཀྱི་དེབ་ཐེར་ནང་སྣང་མཁན་ཆེན་པེ་རོ་ཙ་ནས་གནས་ཁ་བ་དཀར་པོའི་རྒྱབ་སྐོར་གྱི་ཚ་བ་རོང་གི་སྐོར་ཕྱག་ཡིག་ཚིག་རྐང་བཅུ་གསུམ་མཛད་གནང་བ་འདི་ལྟར། ཚ་བ་རོང་ཚ་ཡུལ་བཅུ་ཏྲ། །ཚ་བའི་སྤྲེར་མ་བཅུ་གཉིས་བཞུགས། །ཚ་བ་མཚོ་སྨད་ སྤོན་མོ་ལ། །སྲུང་བསྲུན་ཉེ་ཤུ་མཐུན་པ་བཞུགས། །ལུང་ཆུ་རྡོ་རྗེ་བྲག་ཕུག་ལ། །ཐུབ་པའི་གནས་བརྟན་བཅུ་དྲུག་བཞུགས། །འབུམ་ལྷ་ཁང་རྡོ་ཡི་མཆོད་རྟེན་ལ། །རྡོ་བོ་ཁམས་གསལ་པ་ནི་བཞུགས། །གནས་སྲ་ཆུ་སྔ་བརྒྱ་ཡུལ་ལ། །བྱམས་པ་རྡོ་ཡི་རང་གྲུབ་བཞུགས། །གསེར་གྱི་བྱམས་པ་ཚོའང་བཞུགས། །དེ་ལྟར་རྒྱབ་སྐོར་གནས་ལམ་དུ་མཇལ་བྱ་མང་ཞིང་རྟ་ཆེན་ལྡན་པ་ནི་སྨོས་ཅི་དགོས། གནས་ལམ་འགྲོ་ཚུགས་ཞེས་པའི་ས་ཆ་ངེས་གཏན་མེད། ལུང་ཚན་སོ་སོ་ནས་རྡོག་ཐོན་གྱིས་ཁ་བ་དཀར་པོར་སྐོར་བ་སྐོར་མོ་ཆ་ཚང་ཞིག་བརྒྱབ་ན་འགྲིག་པར་ངེས། དེ་ཡང་ལྷ་སའི་གླིང་སྐོར་དང་འདྲ་བར་རང་རང་གི་ཁྱིམ་གྱི་རྒྱབ་མདུན་ག་གེ་མོ་ནས་གླིང་སྐོར་ལམ་ལ་ཞུགས་ནས་སྐོར་བ་ཆ་ཚང་འཁོར་རྗེས་ཁྱིམ་ལ་ལོག་པ་ལྟ་བུ་དང་མཚུངས་སོ། དེང་ཁ་བ་དཀར་པོའི་རྒྱུད་ཀྱི་ཡུལ་མི་ཕུད། ཡུལ་གཞན་ནས་ཕེབས་མཁན་མང་ཆེ་བ་སྟབས་མདེའི་ཆེད་ཀླུངས་འཁོར་ལ་བཞུགས་ནས་འཛོལ་རྫོང་མཁར་ཟེར་བར་ཡོང་ནས་འདིར་འཛོལ་རྫོང་མཁར་ཟེར་བ་ནས་གླིང་བར་བྱ་འཛོལ་རྫོང་མཁར་ནས་གནས་ལམ་རྙེང་པ་དེད་ནས་འཛོལ་ཤོད་དང་། སྨང་ཤོད། ཆུ་རྩེད་ཤོད། འཛེམ་མདའ། ཟུགས་ཕུད། ཤང་གཉའ་སོགས་བརྒྱུད་དེ་ཟུགས་ལུང་སྟེང་དུ་འཛོལ་ནས་འབབ་ལུང་བར་གྱི་གཞུང་ལམ་དང་འབྲེལ་ནས་ལམ་རྩར་འགྲོ། ཆུ་རྟེ་ཤོད་ཟེར་བའི་ཟམ་ཆེན་གྱི་ཁ་ལ་བད་

ཀན་འཛམ་བྱེད་ཀྱི་སྨན་ཆུར་གྲགས་པ་དེ་ཁ་བ་དཀར་པོའི་ཆེབས་རྟའི་ཆབ་ཡིན་ཞེས་པ་དང་། འཇོལ་མདའ་བྲག་ཕུག་གི་བྲག་འོག་ན་སྒྲོལ་ལྗང་གི་རང་བྱོན་དང་། འཇོལ་མདའ་ཆུ་ཕུག་ཟེར་བ་ན་མཁའ་འགྲོ་མའི་རང་བྱོན། འཇོལ་མདའ་དམ་ཅན་ཆུ་བྲག་ཟེར་བ་ལ་རྗེ་བཙུན་སྒྲོལ་མའི་རང་བྱོན། དུག་ཀླུང་ལམ་ཁ་ཟེར་བ་ལ་ཁ་བ་དཀར་པོའི་ཞབས་རྗེས་དང་ཆེབས་རྟའི་རྨིག་རྗེས་སོགས་མཇལ་རྒྱུ་ཡོད། གཡང་འབྲུ་ཟེར་བ་བརྒྱུད་གནས་ལམ་རྙིང་པར་ཁ་བ་དཀར་པོའི་ཛ་དང་ཛ་དབྱུག་ཁ་བ་དཀར་པོའི་གཏོར་མ། བཞུགས་ཁྲི། རྩིས་རྒྱུག་གི་རྡོ། མ་ཧེ་རང་བྱོན། བེ་རོ་ཙ་ནའི་མཚམས་ཁང་། རྒྱ་ནག་གཡུ་ཡི་རྡོ་ཀ། ཀརྨ་པའི་སྒྲུབ་ཆུ། ནད་བརྒྱ་ལ་ཕན་པའི་སྒྲུབ་ཆུ། རིགས་གསུམ་མགོན་པོའི་སྒྲུབ་ཆུ་སོགས་ངོ་མཚར་ཅན་མང་པོ་མཇལ་རྒྱུ་ཡོད། སྣང་གཞའ་ཟེར་བ་ལ་དུག་ནད་སེལ་བའི་སྨན་ཆུ་དང་། ལྷགས་ལུང་ཟེ་བའི་སྟེང་དུ་བདེ་མཆོག་གི་ཆེབས་རྟའི་རྨིག་རྗེས་སོགས་མཇལ་རྒྱུ་ཡོད།

འབྲས་ཞིང་ཐང་ཟེར་བའི་ལྷོ་བྱང་གཉིས་སུ་རྫོ་ཡི་སེང་གེའི་རང་བྱོན་མཇལ་རྒྱུ་ཡོད་པ་དེ་གཉིས་ནི་ངག་རྒྱུན་དུ་ཁ་བ་དཀར་པོའི་བདེ་མཆོག་ཕོ་བྲང་གི་སྒོ་སྲུང་ཡིན་པར་གྲགས། དེའི་འགྲམ་དུ་ཙུས་འཕྲུད་ཚ་ཆུ་ཞེས་ཕན་ནུས་ཆེ་བ་ཞིག་ཡོད། དེ་ནས་ཚོར་རི་སྟེང་ཟེར་བར་སླེབས་ཤིང་དེའི་གྲོང་དཀྱིལ་རྒྱུག་ཆུའི་ཟམ་ཁར་རྟ་སྣ་དབྱིབས་ཅན་གྱི་ཕ་བོང་ཡོད་པ་དེ་ནི་བདེ་མཆོག་གི་རྟ་སྣ་རང་བྱོན་དང་གཏེར་སྣམ་ཡིན་པར་གྲགས། དེ་ནས་ལུང་པ་ཁ་ཞེས་པར་འཕགས་པ་གནས་བརྟན་བཅུ་དྲུག་དང་ཞི་ཁྲོ་དམ་པ་རིགས་བརྒྱ་ཡི་རང་བྱོན། དེ་ཙ་ལྷ་ཁང་ཆུང་ངུ་ཞིག་ཡོད་པ་དེ་ལ་འབྲས་ཞིང་ཐང་ལྷ་ཁང་ཟེར། ལྷ་ཁང་གི་ལྷགས་རི་ཡི་འོག་ཏུ་བྲག་ཞོ་སེང་ཆགས་ཡོད་པས་ངག་རྒྱུན་དུ་བདེ་མཆོག་ཕོ་བྲང་གི་རྒྱལ་སྒོའི་ལྡེ་མིག་སྦས་ཡོད་པར་གྲགས་པས་གནས་སྐོར་བ་ཚོས་ངེས་པར་འདིར་གནས་སྒོ་འབྱེད་པའི་ལྡེ་མིག་བླང་དུ་འགྲོ་དགོས། ལྷ་ཁང་གི་ལྷོ་ངོས་སུ་ནད་བརྒྱ་སེལ་བྱེད་ཀྱི་ཆུ་མིག་དང་སྟེང་གི་བྲག་ལྡེབས་སུ་སྒྲོལ་མ་དཀར་སྔོན། ལམ་མདོར་ཀརྨ་པའི་ཕྱག་རྗེས་དང་ཞབས་རྗེས་སོགས་མཇལ་རྒྱུ་ཡོད། དེ་ནས་གུ་ཙ་སྟེང་ཞེས་པའི་གྲོང་ཚོ་དང་འདིར་གུ་ཙ་པདྨ་འབྱུང་གནས་ཀྱི་སྒྲུབ་ཕུག་དངོས་སུ་མཇལ་རྒྱུ་ཡོད། དེ་ནས་བསྐྱོད་དེ་སྣང་འཁོར་གྲོང་ཚོ་ཟེར་བར་སླེབས་ཤིང་། ནུབ་རིར་བྲག་ཀ་བ་ལྷ་

བུ་ཡོད་པ་དེ་ལ་བུ་ག་བྲག་ཅེས་འབོད་པ་དེ་ནི་སློབ་དཔོན་གྱིས་ཕུག་མཁར་བཙུགས་པ་རེད་ཅེས་གྲགས། ཡང་མི་འགས་ཕུག་མཁར་འདི་མ་ཡིན་པར་གྲོང་དཀྱིལ་དུ་ཡོད་པའི་ཤུག་སྡོང་དེ་ཡིན་ཞེས་གྲགས། ཡུལ་དེ་ནས་དུང་ལ་ལ་འཛོགས་ཏེ་རི་སྐེད་ཀྱི་བྲག་ཏུ་ཁུང་གཉིས་ཡོད་པས་དེ་ནི་སློབ་དཔོན་གྱིས་ཕུག་མཁར་བཙུགས་ཤུལ་ཡིན་པར་ངོས་འཛིན་བྱེད་ཀྱི་ཡོད། བསང་ཁྲི་ཟེ་བའི་གཤམ་འོག་ལ་ཆུང་དེ་ལ་སྐྱེས་པའི་བེ་ཤིང་སྡོང་པོ་ངོ་མཚར་ཅན་དེ་ནི་ཁ་བ་དཀར་པོའི་གདུགས་དང་རྒྱལ་མཚན་ཡིན་ཞེས་ཀུན་གྱིས་མཚོད་ཀྱི་ཡོད། དུང་ལ་ལ་ཁ་ནས་ཐུར་དུ་འབབ་ནས་ཆུ་མིག་ཆུང་ངུ་ཞིག་ཡོད་པ་དེ་ནི་བཻ་རོ་ཙ་ནའི་སྒྲུབ་ཆུ་ཡིན་པར་གྲགས། དེའི་ལྟག་ཏུ་བདེ་མཆོག་གི་ཕྱག་རྗེས་དང་ཞབས་རྗེས་བཀོད་ཡོད་པར་གྲགས། ཐུར་དུ་འབབ་ཏེ་ཆུ་ཤག་ཟེ་བར་སླེབས། འདིར་བྲག་གསུམ་ཡོད་པས་ཡུལ་མི་ཚོས་རྒྱ་གར་སྤུན་གསུམ་ཞེས་འབོད་ནས་གཞི་བདག་ཏུ་བཀུར། འདིར་བྲག་སྣམ་རི་མགོ་ཟེར་བ་དེ་རང་བྱུང་གི་མཆོད་རྟེན་དང་ཁ་གཏད་ཀྱི་བྲག་སྣམ་རི་མགོ་དེ་རང་བྱུང་གི་བུམ་པ་ཅུ་འདྲ། བྲག་སྒོ་ནས་ནུབ་ངོས་སུ་འགྲོ་བའི་ལམ་བར་དུ་བྲག་ནག་པོ་ཞིག་ཡོད་པ་དེ་ནི་གཤིན་རྗེ་འཇིགས་པའི་སྐུ་རང་བྱོན་ཡིན་ཞེས་པ་དང་། དེ་ནས་བཀའ་འགྱུར་དང་འབུམ་གྱི་རང་བྱོན། ཨ་གསལ་སྣང་ཞེས་པར་བར་དོ་འཕྲང་ལམ། རྡོ་ཆེན་ཞིག་ཡོད་པ་དེ་ནི་ཁ་བ་དཀར་པོའི་གཡུ་ཡི་མེ་ལོང་ཡིན་ཞེས་ཀུན་གྱིས་བརྗོད། ཡང་ནག་ཆུ་ཁ་ཟེར་བ་དེར་ཆོས་སྐྱོང་བྱ་རོགས་གདོང་ཅན་དང་། ཡི་དམ་རྡོ་རྗེ་ཕག་མོ། མཁའ་འགྲོ་མ་ལྷ་ཡི་ཐུགས་ཆས་རང་བྱོན་སོགས་མཇལ་རྒྱུ་ཡོད། གཡང་འབྲུ་ཆུ་མདའ་བརྒྱུད་པའི་ལམ་རྙིང་དུ་རྡོ་ཕང་ལོ་ཞེས་ཡོད་པ་དེ་ནི་ཁ་བ་དཀར་པོའི་རྩིས་རྒྱུག་གི་རྡོ་ཁྲི་དང་། ནུབ་ཀྱི་བྲག་ངོས་སྟེང་དུ་ཁ་བ་དཀར་པོའི་ཛ་དབྱུག་ཏུ་གྲགས་པའི་ཤིང་སྡོང་ཞིག་དང་། ནླ་ཆུའི་ཕ་རོལ་དུ་ཁ་བ་དཀར་པོའི་ཆོས་ཛ་ཅ་གྲགས་པའི་རྡོ་གོར་མོ། ཆུ་དཀར་རིགས་གསུམ་མགོན་པོའི་ཆུ་འཕྱུར་（འབབ་ཆུ་）གཡང་འབྲུའི་འཕགས་མོ་གནས། ཇོ་མོ་གནས། བྲག་དམར་སེང་གེ་གནས་བཅས་གསུམ་དང་། གཞན་ཡང་གཡང་འབྲུ་ཙ་གནམ་གྲུ་དང་། ས་གྲུ་གསུམ། རི་གྲུ་གསུམ་ཟེར་བ་བཅས་ངོ་མཚར་ཅན་མང་པོ་མཇལ་རྒྱུ་ཡོད། ལུང་ནགས་ནས་རིམ་གྱིས་སླང་ཤིང་ཐང་མཉྫལ་ཐང་སོགས་བརྒྱུད་རྡོ་སྐམས་ཟེ་བའི་ལ་རྩེར་སླེབས། དེ་

ཡི་གཡས་སུ་སངས་རྒྱས་དཔའ་བོ་བདུན་གྱི་རང་བྱོན་དང་གཡོན་དུ་མཁའ་འགྲོ་ཚེ་རིང་མཆེད་ལྔ་དང་བརྟན་མ་བཅུ་གཉིས་ཀྱི་རང་བྱོན་སངས་རྒྱས་བཅོམ་ལྡན་འདས་དང་རྒྱལ་བ་རིགས་ལྔ་སོགས་ཀྱི་རང་བྱོན་ཡོད་ཅེས་བཀོད་འདུག ཇོ་སྐས་ལ་ཁྱུ་ཏུ་རྒྱལ་བ་རིགས་གསུམ་མགོན་པོ་དང་། ཕྱ་ཕག་ཡབ་ཡུམ། སྤྱན་རས་གཟིགས་ཚོས་སྐྱོང་བྱ་རོག་གདོང་ཅན་སྟེ། སྲས་བརྒྱད་སོགས་ཀྱི་རང་བྱོན་མཇལ་རྒྱུ་ཡོད། གཞན་ཡུལ་དེ་ལ་ལྷ་མོ་དབྱངས་ཅན་མའི་དུང་གི་བླ་མཚོ་ཞིག་ཡོད་ཟེར། བླ་མཚོ་དེ་མཇལ་ཐུབ་ཚེ་ཕྱི་ནང་གི་བར་ཆད་ཐམས་ཅད་སེལ་ནུས་ཤིག་གྲགས། དེ་ནས་རྩ་གསུམ་ཐང་ཞེས་པར་སླེབས། དེ་ནི་བླ་མ་ཡི་དམ་མཁའ་འགྲོ་གསུམ་གྱི་ཞིང་ཁམས་ཡིན་པས་རྩ་གསུམ་ཐང་ཞེས་འབོད། དེའི་གཡས་སུ་བདེ་མཆོག་གི་དཀྱིལ་འཁོར་དང་། མཁའ་འགྲོ་མ་གསང་བ་ཡེ་ཤེས་ཀྱི་ཞི་རྒྱས་དབང་དྲག་བཞི་ཡི་དཀྱིལ་འཁོར་སོགས་མཇལ་རྒྱུ་ཡོད། དེ་གཉིས་མཇལ་ཚེ་འདི་ཕྱི་གཉིས་ཀྱི་ཞི་རྒྱས་དབང་དྲག་གི་ལས་དར་རྒྱས་བྱུང་བ་དང་། རྩེ་གཅིག་གསོལ་བ་སྨོན་ལམ་བཏབ་ན་སྐྱེ་བ་ཕྱི་མར་བདེ་མཆོག་ཞིང་དུ་སྐྱེ་ནུས་པར་གྲགས། རྩ་གསུམ་ཐང་ནས་ཆུ་འཛོམས་ལུང་དང་ཆུ་གཉིས་ཁ་བརྒྱུད་དེ་སྤང་ཆར་ལམ་ཁ་རུ་སླེབས། དེར་སེར་ཏུ་ར་ཡི་སྨན་ཆུ་ཟེར་བ་ཡོད་ལ། སྒྲུག་མ་རྩེ་ཤིང་ཐམས་ཅད་མཁའ་འགྲོ་མ་ཡི་བླ་ཤིང་དང་། བྱ་ཐྲིའུ་རི་དྭགས་གཅན་གཟན་ཡོད་དོ་ཅོག་དཔའ་བོ་དཔའ་མོ་ཡི་སྤྲུལ་པ་ཡིན་པ་དང་། གནས་ཆེན་ཁ་བ་དཀར་པོའི་སྒོ་ཕྱུགས་དང་། སྒོ་ཁྱི་ཡིན་པས། དེ་ལ་སྐྲག་སྣང་བྱེད་མི་དགོས་ཤིང་། གནོད་འཚེའང་དེ་བས་བྱ་རྒྱུ་མེད་ཟེར། གཞན་ཡང་དེར་སྐྱེས་པའི་ནགས་ཚལ་སྟུག་པོ་དང་། གདོང་མའི་སྔོང་ཀན་དག་གདུགས་དང་རྒྱལ་མཚན། བ་དན། བླ་བྲེ་ཡི་རང་བྱོན་ཡིན་པར་གྲགས། གནས་མཇལ་བས་དེ་ནས་སྒྲུག་མ་ཏཱང་རེ་བཅད་དེ་ཁྱིམ་དུ་ཁྱེར་ནས་བྱིན་རླབས་ཞུ་སྲོལ་ཡོད། དེ་ནས་དུང་ཁྲི་གསུམ་འཛོམས་དང་། རྡོ་མོ་བཀབ་ཟེར་བར་སླེབས་རི་བོ་ཆུང་ཆུང་ཞིག་ཡོད་པ་དེར་གནས་སྐོར་བ་ཚོས་རང་ཉིད་ཚེ་ཕྱི་མའི་སྡོད་ཁང་ཡིན་ཟེར། རྡོ་ཡི་ཁང་ཆུང་མང་པོ་བཟོས་ཡོད། དེ་ནས་ལྷོ་འོད་ཟེར་ལ་ཏུ་སླེབས། དེའི་གཡས་གཡོན་ནས་བལྟས་ན་བདེ་མཆོག་གི་དཀྱིལ་འཁོར་དང་མཆོད་རྟེན་དཔག་ཚད་བརྒྱད་ཁྲི་ལྡན་པ་དངོས་སུ་མཇལ་གྱི་ཡོད། དེ་རྣམས་མཇལ་བ་ནི་བསམ་ཡས་མི་འགྱུར་ལྷུན་གྱིས་གྲུབ་

པའི་གཙུག་ལག་ཁང་མཇལ་བ་དང་དགེ་བ་མཚུངས་ཞེས་གྲགས། དེའི་ཉེ་འདབས་སུ་རྡོ་སྦལ་གྱི་ཕོ་བྲང་དང་རྗེ་བཙུན་མི་ལའི་སྐུ་རྗེས། མཁའ་འགྲོ་མའི་སེའུ་ཐང་། བཀའ་གདམས་དྲུག་པོ་ཆོས་འབྱུང་། གནམ་ལྕགས་ཕུར་པ། བཀའ་བསྟན་འགྱུར་དང་། སྨྱུན་རས་གཟིགས། ནོར་བུ་ཆ་གཉིས། དུར་ཁྲོད་ལྷུན་གྲུབ་ཟེར་བ་སོགས་མང་པོ་མཇལ་རྒྱུ་ཡོད། དེ་དག་གི་རྩེ་མོར་རྡོ་རྗེ་ཕག་མོའི་བླ་མཆོད་དང་། མགོན་པོ་ཚེ་དཔག་མེད་ཀྱི་ཚེ་འབུམ་བདུད་རྩིས་བཀང་བ། སློབ་དཔོན་པདྨ་འབྱུང་གནས་ཀྱི་ཀ་པ་ལ་བདུད་རྩིས་བཀང་བ། ཚེ་དཔག་མེད་ཀྱི་སྐུ་རྗེས་དང་ཞབས་རྗེས་སོགས་མཇལ་རྒྱུ་ཡོད། དེ་དག་མཇལ་ཚེ་ཚེ་ཆད་ཐམས་ཅད་ཀྱི་བར་ཆད་སེལ་ནུས་པར་གྲགས། གཞན་ཡང་ཡུལ་དེར་ཆུ་སྲིན་སྲུ་ཧྲིག་ སྔོན་མོ་ཟེར་བ་དང་། སེར་ར་སེར་པོ་འཕགས་པ་གནས་བརྟན་བཅུ་དྲུག་གི་ཕོ་བྲང་ཟེར་བ་ཡང་ཡོད། ཡུལ་དེར་ཤིང་ཙན་དན་སྡོང་པོ་ཡོད་ཅིང་དེ་མཇལ་བ་དང་དྲི་བསྣམ་ཐུབ་ཚེ་རྒྱ་གར་བྱ་རྒོད་ཕུང་པོ་རི་མཇལ་བ་དང་ཁྱད་མེད་པར་གྲགས། ལྷོ་འོད་གསལ་ལ་ཡི་ལ་བཙས་དབུས་སུ་ཆོས་སྐྱོང་བྱ་རོག་མགོ་ཅན་དང་། མཆོད་རྟེན་གྱི་རང་བྱོན་མཇལ་ནས་ཐུར་དུ་ཆུ་ནག་ཐང་ཞེས་པར་སླེབས། ཆུ་ནག་ཆུ་ནི་ཁ་བ་དཀར་པོ་ལས་འབབ་ཅིང་། མཐར་རྒྱལ་མོ་རྔུལ་ཆུར་འདུས། ཆུ་ནག་ཐང་ཞེས་པ་དེ་ཆེ་རྒྱུ་མེད་ལ་དབྱིབས་ནི་གྲུ་གསུམ་དུ་ཆགས་ཡོད་པས་དེ་ནི་ཆོས་འབྱུང་གྲུ་གསུམ་ཞེས་པའི་རང་བྱོན་ཡིན་ལ། དེར་དྲུག་པོ་གནམ་ལྕགས་འབར་བའི་ཕུར་པ་རང་བྱོན་གསུམ་དང་། ཡང་ཆུ་ནག་ཆུ་བོའི་སྦྲུས་བདེ་མཆོག་རྩ་ཐིགས་དང་། འབུམ། བཀའ་འགྱུར་བཅས་པ་བགྲངས་ཀྱི་ཡོད་ཟེར། ཆུ་ཡི་གཡས་ཕྱོགས་སུ་དམར་ནག་གཤིན་རྗེ་ཡི་སྐུ་གདུང་ཡིན་ཟེར་བ་དང་། ལ་ཁ་རུ་ཨ་ལྷ་སྣང་མགོ་ཟེར་བ། གཡོན་ཕྱོགས་སུ་བྱ་རོག་རྒོད་ཀྱི་གཤོག་པ་ལ་གཤིན་རྗེ་ཆོས་ཀྱི་རྒྱལ་པོ་དང་། སངས་རྒྱས་ཐམས་ཅད་ཀྱི་སྐུ་རྗེས་དང་ཞབས་རྗེས་སྣ་ཚོགས་གསལ་ལྷང་ངེར་མཇལ་རྒྱུ་ཡོད། ཆུ་ནག་ལྕགས་ཟམ་ཟེར་བ་ནས་ལྷོ་ངོས་སུ་འགྲོ་བ་དང་། ཐང་ཆུ་ཞིག་གི་སྟེང་དུ་བྲག་ཅིག་ཡོད་པར་སྲིན་མོ་བྲག་ཞེས་འབོད། དེར་འབུམ་ཆ་གཅིག་དང་ཨོ་རྒྱན་རིན་པོ་ཆེའི་ཁ་ཏམ། མགོན་པོ་བེར་ནག་ཅན་གྱིས་དམ་སྲི་དམ་ཉམས་བསྒྲལ་བའི་ཤ་རུས་ཡིན་ཟེར་བ་སོགས་ཡོད། དེ་ནས་ཤིང་ཁང་ལ་ཟེར་བའི་འདབས་སུ་སླེབས་ཤིང་། གནས་མཇལ་བ་མང་ཆེ་བ

ལམ་ཁ་ལ་དཀའ་ཚེགས་བྱུང་བས་དེར་ངལ་གསོ་ཇ་འཐུང་བྱེད་ཀྱི་ཡོད། དེར་ཀརྨ་པའི་སྒྲུབ་ཆུ་ཡོད་པ་དང་། དེ་ནས་ནགས་མཐོང་ལ་ཟེར་བ་བརྒལ་ནས་ཐུར་ལ་འབབ་ན་བོད་ལྗོངས་ཉི་ཁྲི་ཁུལ། ཛ་ཡུལ་རྫོང་ཚ་བ་རོང་ཨ་བན་གྲོང་ཟེར་བར་སླེབས། དེ་ནས་ཕྱིན་པས་མ་ཧེའི་རྡོ་ཕུང་འགའ་ཡོད་པ་ནས་ཤར་གྱི་རི་འཛོགས་རྡོ་སྒོ་ཞིག་ཏུ་སླེབས་པས་དེ་ནི་ཚེ་དཔག་མེད་ཀྱི་གནས་ཡིན་པར་གྲགས། འདིར་སྟག་གཟིགས་དོམ་གསུམ་གྱི་མགོ་བོ་རང་བྱོན་ཡང་ཡོད། ཡུལ་དེ་ནས་སླར་ཆུ་ནག་འགྲམ་ལ་ལོག་སྟེ། ཤིང་ཟམ་བརྒལ་ཏེ་རོ་ལངས་ལུང་པ་ཞེས་པར་སླེབས། ངག་རྒྱུན་དུ་གླིང་གེ་སར་རྒྱལ་པོས་བདུད་རྒྱལ་དེད་ནས་འདིར་སླེབས་སྐབས། བདུད་རྒྱལ་སྐྲག་སྟེ་བྲག་རྡོ་ཞིག་ལ་དཔྱི་མགོས་གནོན་པས་བྲག་རྡོའང་ཁུབ་བཀུག་ལྟ་བུར་གྱུར། བདུད་རྒྱལ་དེའི་མགོ་བོ་ནི་ཡུལ་དེ་དང་ཐག་ཉེ་བའི་རྒྱལ་མོ་རྔུལ་ཆུའི་འགྲམ་གྱི་ར་ལྷ་ཁང་ཟེར་བའི་འོག་ཏུ་གནས་ཡོད་སྐད།

དེ་ནས་རྒྱལ་མོ་རྔུལ་ཆུ་དང་ཆུ་ནག་གཉིས་འཛོམས་ཀྱི་བྱང་ངོས་ན་དབྱིབས་གྲུ་གསུམ་གྱི་ཐང་ཆུང་དང་། ར་ལྷ་ཁང་ཟེར་བ་ཡང་གྲུ་གསུམ་ཐང་དེ་རུ་བཞེངས་འདུག ལྷ་ཁང་འདིར་སློབ་དཔོན་པདྨ་འབྱུང་གནས་དང་ཁ་བ་དཀར་པོའི་སྐུ་མཆོད་ཡང་ཟེར། དེའི་ཕ་ཁ་ལ་སློབ་དཔོན་གྱི་སྐུ་རྗེས་ཡོད་པས་དེ་མཇལ་ཐུབ་ཚེ་ཟངས་མདོག་དཔལ་རི་མཇལ་བ་དང་ཁྱད་མ་མཆིས། དེ་ནས་རྒྱལ་མོ་རྔུལ་ཆུ་གྱེན་འདེད་དུ་འགྲོ་དགོས་པས་ལམ་བར་དུ་རྩེ་ཤིང་དགོན་པ་དང་། ཚ་བ་ཆེ་བ། འཕྲུང་ཆུ་དགོན་པ་སོགས་དཀའ་ཚེགས་ཡོད་པས་གནས་མཇལ་བ་ཚོས་ཚད་མྱལ་བརྒྱད་ཀྱི་སྡུག་བསྔལ་མྱོང་དགོས་པ་ལྟར་ཡོད་པས། དམྱལ་བ་ཚད་མྱལ་གྱི་སྡིག་སྒྲིབ་དག་པར་གྲགས།

དེ་ནས་བྲག་ལམ་བརྒྱུད་དེ་ཆུ་སྒྲོལ་ཐང་ཞེས་པར་སླེབས། དེར་མཁའ་འགྲོ་མ་ཡི་ཚོགས་གཞོང་བྱ་བ་མཇལ་རྒྱུ་ཡོད། དེ་མཇལ་ཚེ་ནད་རིགས་ཐམས་ཅད་སེལ་ནུས་ཤིང་ཚེ་འཕེལ་གྱི་ཡོད་ཟེར། དེ་ནས་བསྐྱོད་དེ་ཆུ་སྒྲོལ་མགོན་ལྔ་ཞེས་པ་མཇལ། ཆུ་སྒྲོལ་མགོན་ལྔ་ཞེས་པ་དེ་དོན་དངོས་སུ་དེར་ཆུ་མིག་ལྔ་ཡོད། དེ་ནི་གནས་ཆེན་ལྔ་ཡི་ཞབས་ཆབ་ཡིན་པ་དང་། འཐུང་ན་བསྐལ་པ་སྟོང་གི་སྡིག་སྒྲིབ་དག་པ་ངག་སྒྲོས་སུ་བརྗོད་སྲོལ་འདུག སྟེང་དུ་འབུམ་ཆ་རང་བྱོན་དང་། བར་དོ་འཕྲང་ལམ་ཟེར་བ

མཇལ་རྒྱུ་ཡོད། དེ་མཇལ་ན་འཕྲུལ་སྣང་ཞི་བར་གྲགས། དེ་ནས་དངུལ་དཀར་མགོ་ཞེས་པའི་ཡུལ་དུ་
སླེབས་པ་དེར་རྒྱལ་བ་རིགས་ལྔ་དང་སངས་རྒྱས་བྱེ་བ་ཁྲི་ཕྲག་བརྒྱ། རིགས་གསུམ་མགོན་པོ། བཀའ་
བསྟན་འགྱུར། འབུམ་རང་བྱོན་སོགས་ལྷང་ངེར་མཇལ་རྒྱུ་ཡོད། ཡུལ་དེར་ཨ་ཀོང་གི་རྡོ་འབྲུ་མང་པོ་
ཡོད་པས་དེ་ཐམས་ཅད་སངས་རྒྱས་ཀྱི་ཕྱག་ནས་ཡིན་པར་གྲགས། ཕྱག་ནས་དེ་དག་ཕ་རོལ་གྱི་སྤྲུལ་
ནག་དེར་ཁ་གནོན་མཛད་པ་ཡིན་སྐད། རྔུལ་དཀར་ཟེར་བ་ནས་རིམ་གྱིས་བྲག་སྣ་ཐང་ཞེས་པ། དེ་ནི་
བོད་ལྟོངས་ཉེ་ཁྲི་ས་ཁུལ་ཛ་ཡུལ་རྫོང་བྲང་སྣ་གྲོང་དུ་སླེབས། དེར་ལྷ་ཁང་ཆུང་ཆུང་ཞིག་ཡོད་པ་དེའི་
ནང་ལ་སློབ་དཔོན་པདྨ་འབྱུང་གནས་ཀྱིས་གཏེར་ལ་སྦས་པའི་དཔེ་རྙིང་རེད་ཟེར་བ་རྫ་ཆེན་ཞིག་ཉར་
ཚགས་བྱས་ཡོད། བྲག་སྣ་ཐང་གི་གཡས་རི་ཡ་མཚན་ཅན་དེ་ཁ་བ་དཀར་པོའི་བུ་མོ་དུང་མཚོ་སྒྲོལ་མ་
ཞེས་པ་ཡིན་པར་གྲགས། གྲོང་ཚོ་གོང་འོག་ཏུ་སྤྲུལ་ནག་དབྱིབས་ཅན་གྱི་སྤྲུལ་རེ་རེ་ཡོད་པས། དེ་
གཉིས་འཛིང་རེས་བྱེ་གྲབས་ཡོད་པས་ཡུལ་དེར་གནོད་འཚེ་ཆེ་བས། སློབ་དཔོན་པདྨ་འབྱུང་གནས་
དང་། ཁ་བ་དཀར་པོ་གཉིས་ཀྱིས་སྤྲུལ་དེ་གཉིས་དམ་ལ་བཏགས་ཤིང་། དེང་བྲག་སྣ་ཟེར་བ་ལ་མཐོང་
རྒྱུ་ཡོད། དེ་གཉིས་མཇལ་ན་དུག་རིགས་ཀྱི་མི་ཐུབ་ཞེས་བརྗོད་སྲོལ་ཡོད། བྲག་སྣའི་ཤར་ངོས་སུ་ལྷ་མོ་
ནོར་རྒྱུན་མ་དང་། ཡེ་ཤེས་ཁྲུང་ཆེན། མཁའ་འགྲོ་སེང་གདོང་ལ་སོགས་ཀྱི་རང་བྱོན་མང་པོ་མཇལ་རྒྱུ་
ཡོད་ཙང་། ལམ་ཀྱོག་ཡིན་པས་གནས་མཇལ་བ་ཕལ་ཆེ་བ་དེར་མི་འགྲོ། བྲག་སྣའི་ལུང་དཀྱིལ་དུ་བེ་རོ་
ཙ་ནའི་སྒྲུབ་ཕུག་དང་། གཏེར་བཞེས་པའི་ཤུལ། ཁ་བ་དཀར་པོའི་ཞབས་ཆབ་ཡིན་ཞེས་པ་མཇལ་རྒྱུ་
ཡོད། དེ་ནས་ལུང་ཕུག་རྔུལ་དཀར་ཞེས་པ་དེར་ཐར་ཆོས་སྐུ་འོད་དཔག་མེད་དང་། ཡོངས་སྐུ་སྤྱན་
རས་གཟིགས། སྤྲུལ་སྐུ་པདྨ་འབྱུང་གནས་གསུམ་པོའི་ཕྱག་ནས་ཡིན་ཞེས་པ་དང་། རང་བྱོན་ཡང་
མཇལ་རྒྱུ་ཡོད། དེ་དག་མཇལ་ན་དུས་གསུམ་སངས་རྒྱས་ཐམས་ཅད་མཇལ་བ་དང་ཁྱད་མེད་པར་
གྲགས། གློ་ཕམ་ཆེ་བ་ལ་དེ་དག་ཚང་མ་གཏོར་སྐྱོན་ཕྱིན་འདུག དུས་ཕྱིས་དད་ལྡན་ཆོས་ལྷ་ཁང་ཆུང་
ཆུང་ཞིག་དང་། སངས་རྒྱས་འོད་དཔག་མེད་ཀྱི་འཇིམ་སྐུ་ཞིག་བཞེངས་འདུག ལྷ་ཁང་དེའི་རྒྱབ་ངོས་
སུ་འོད་དཔག་མེད་ཀྱི་ཞབས་རྗེས་དང་། འོག་ཏུ་རྡོ་གཞན་དང་མི་འདྲ་བ་ཞིག་ཡོད་པ་དེ་ནི་སློབ་

དཔོན་གྱི་དབུ་ཞྭ་ཡིན་ཞེས་བརྗོད་སྲོལ་འདུག   དེ་ནས་ཐང་འདུས་ལ་ཟེར་བ་བགྲལ་དགོས་ཤིང་། གཡས་རི་ནི་རྨ་བྱའི་གཟུགས་སུ་སྣང་བས་རྨ་བྱ་རང་བྱོན་དང་། དགེ་པོ་གྲོང་ཚོ་ཞེས་པར་རྗེ་ཡབ་སྲས་གསུམ་དང་། ཁ་བ་དཀར་པོའི་མཆོད་པའི་ལྷ་ཁང་ཆུང་ཆུང་ཞིག་ཡོད། དེ་ནས་ལ་འཛེགས་ནས་རྒྱལ་བ་བྱམས་པའི་རང་བྱོན་མཇལ་རྒྱུ་ཡོད། དེ་ནས་གཡུ་ཆུ་ཁར་འབབ་ཞེས་པ་དང་། གྲུ་ཁ་ཞེས་པར་སླེབས། དེར་བེ་རོ་ཙ་ནའི་སྒྲུབ་ཕུག་ཡོད་ཟེར། དེ་ནས་དགབ་རྩ་ལ་ཟེར་བ་དེར་ཡེ་ཤེས་ཁྱུང་ཆེན་དཀར་ནག་ཁྲ་གསུམ་གྱི་རང་བྱོན་མཇལ་རྒྱུ་ཡོད།   དགབ་རྩ་གྲོང་ནས་ལ་དུང་གྲོང་ཟེར་བར་སླེབས། དེའི་ཤར་ངོས་ཀྱི་བྲག་ཏུ་གཤིན་རྗེའི་ཁྲོ་ཆུ་དུག་གདོང་དང་། བཙན་རྐོད་རང་བྱོན་ཡང་ཡོད། ལ་དུང་ནས་རི་འཛེགས་ནས་སྨན་མཆོག་ཐང་སྣང་ཞེས་པར་སླེབས། དེར་སྨན་རིགས་སྣ་ཚོགས་མཆོག་ཏུ་གྱུར་པ་སྐྱེས་ཀྱི་ཡོད། དེ་ཡི་གཡས་གཡོན་ཐམས་ཅད་ལ་ཆུ་བཙན། བྲག་བཙན་རོལ་པ་མཆེད་བདུན་དང་། ཐང་བཙན། ཀླུ་བཙན་སོགས་གནས་ཡོད་པས། དེར་སླེབས་དུས་ཁ་ཁུ་སིམ་པོར་སྡོད་པ་ལས་མ་ཏེའི་སྒྲ་ཡང་སྒྲོག་གིན་མེད། དེ་ནས་ཤུག་ལ་ཟེར་བ་འབབ་ནས་དུག་འཕྱུང་ཤིང་ཟམ་གྱི་ལྷོ་ངོས་ཀྱི་ཟམ་ཁར་ཁ་བ་དཀར་པོའི་ཞབས་རྗེས་དང་རྟ་ཡི་རྨིག་རྗེས་གསལ་པོ་མཇལ་རྒྱུ་ཡོད། དེ་ནས་ཆུ་འཛོམས་ཟེར་བའི་ཡུལ་རྒྱལ་ལམ་214རྒྱུད་ཟླ་ཆུ་ཁ། སྨན་རི་ཤུལ་དུ་སླེབས། དེ་ནི་ཡུན་ནན་བདེ་ཆེན་རྫོང་རྡོ་ཧྲན་ཤང་གློ་མ་གྲོང་ཚོ་ཡི་ཁོངས་སུ་གཏོགས། དེ་ནས་གནས་སྐོར་བ་མང་ཆེ་བ་ཆྰངས་འཁོར་ལ་བཞུགས་ནས་འགྲོ་གི་ཡོད། ཞུང་ཤས་ཐུར་བཞིན་གཞུང་ལམ་དེད་དེ་སྐོར་བ་ཚར་བ་བྱས། དེ་ནས་ར་ཆུ་ཁ་ཟེར་བ་ལ་སླེབས། ཐུར་དེར་རང་བྱོན་བུམ་པ་བདུད་རྩིས་བཀང་བ་ཞིག་མཇལ་རྒྱུ་ཡོད། དེ་ལ་དད་པ་བྱས་ཚེ་ནད་ཡམས་ཐམས་ཅད་དག་པར་གྲགས་ནའང་རྒྱལ་ལམ་214ཟེར་བ་བཟོ་སྐབས་རྩ་མེད་སོང་བས་མཇལ་སྐལ་མི་ལྡན། དེ་ནས་ཀོ་ཤོང་ཟེ་བ་སླེབས། གཡས་གཡོན་གྱི་བྲག་གཉིས་སུ་དམ་ཅན་མགར་བ་ནག་པོ་དང་། སངས་རྒྱས་སྟོང་གི་ཕྱག་རྗེས་དང་ཞབས་རྗེས་མཇལ་རྒྱུ་ཡོད། ཆུ་ཟླ་ཟེར་བའི་ཤར་ངོས་ཀྱི་བྲག་སྟེང་དུ་ཀ་བ་ལྔ་བུའི་བྲག་ཅིག་ཡོད་པ་དེ་ནི་གནམ་ལྕགས་ཀྱི་རལ་གྲི་ཐུར་དུ་བཙུགས་པའི་རང་བྱོན་ཡིན་ཞིང་། དེ་ལ་དད་གུས་རྩེ་གཅིག་ཏུ་བྱས་ན་ཉོན་མོངས་པའི་ལུས་སྒྲིབ་ཐམས་ཅད

ཚ་བ་ནས་གཙོད་ནུས་པར་གྲགས། དེའི་རྒྱབ་ཏུ་རི་བོང་དབྱིབས་ཅན་གྱི་ཕ་བོང་ཞིག་ཀྱང་ཡོད། དེ་ནས་དམག་པ་སྟེང་ཞེས་པར་སླེབས། ཡུལ་དེ་ནི་མར་ཕྱིན་ན་དམག་འདུས་ཡུལ་དང་སྟོད་རྒྱ་གར། སྨད་རྒྱ་ནག་ཏུ་འགྲོ་བའི་ལམ་གལ་ཆེན་ཚོང་འབྲེན་ཧ་དྲེལ་གྱི་གནའ་ལམ་ཞིག་ཅིག་ཡིན། དེ་ནས་ལ་གདོང་ལ་ཟེར་བ་ལ་སློབ་དཔོན་པདྨ་འབྱུང་གནས་ཀྱི་སྒྲུབ་ཕུག་དང་། མདུན་དུ་བྲག་རྒྱབ་ཅེས་པའི་ཡུལ་དུ་མཁན་ཆེན་བི་རོ་ཙ་ནའི་སྒྲུབ་ཕུག་ཀྱང་ཡོད། ཐུར་གྱི་གནས་ཡིག་རྙིང་པར་སྔོང་མདའ་རོང་གི་བྲག་ཐམས་ཅད་མཁའ་འགྲོ་མ་ཡི་རྒྱན་ཆ་ཡིན་ཞེས་པ་དེ་བྲག་དེ་ལ་གོ་དགོས། གཞན་ཡང་དེར་བྲག་ངོ་མཚར་ཅན་ཞིག་ཡོད་པ་དེ་ལ་སྦྲུལ་དཀར་ནག་གཉིས་ཀྱི་རང་བྱོན་ཡོད་པས། དེ་ནི་སྒོ་སྲུང་ཡིན་པར་གྲགས། དེ་ནས་རྫ་གཏོད་གྲོང་ཟེར་བ་སླེབས། ཆུའི་ཕ་རོལ་གྱི་བྲག་ཕུག་ཁར་སྤྱིའུ་བྱང་ཆུབ་སེམས་དཔའི་རང་བྱོན་མངལ་རྒྱུ་ཡོད། དེ་ནས་ཡུད་ཙམ་བསྐྱོད་པ་ན་ཐོ་རི་གླིང་ཞེས་པར་སླེབས་ཏེ་ཆླ་ཆུའི་ཕ་རོལ་དུ་བྲག་སྲིན་མོའི་བྲག་ཅེས་པ་འདུག དེའང་བོད་ཀྱི་མི་ཐོག་མར་དེ་དག་ལས་བྱུང་ཚུལ་དེ་བརྒྱུད་དུ་བརྗོད་སྲོལ་འདུག དེ་ནས་ཨ་གདོང་ཆུ་ཟེར་བ་ཡི་ཤར་ངོས་ཀྱི་ལམ་རྙིང་པར་རྗེ་ཡབ་སྲས་གསུམ་གྱི་ཞབས་རྗེས་ཡིན་ཞེས་པ་དང་། ཀརྨ་རང་བྱུང་རྡོ་རྗེའི་ཕྱག་རྗེས།

ལྷ་འདྲེ་སྟོང་གི་མཆོད་རྟེན། ཆབ་མདོ་འཕགས་པ་ལྷ་ཡི་སྐུ་རྗེས་དང་ཞབས་རྗེས། ཆིབས་རྟའི་རྨིག་རྗེས་སོགས་མངལ་རྒྱུ་ཡོད། དེ་ནས་གྲུབ་ལ་ཞེས་པ་རྒྱག་དགོས། ངག་རྒྱུན་དུ་དགེ་བའི་ལས་ཡོངས་སུ་གྲུབ་པས་གྲུབ་ལ་ཞེས་འབོད། ཁ་བ་དཀར་པོ་སྐོར་དུས་གྲུབ་ལ་ལ་མ་བརྒལ་ན་མ་ཆེ་དུང་ཕྱུར་གཅིག་གི་དགེ་བ་ཞུང་དུ་འགྲོ་གི་ཡོད་བརྗོད་སྲོལ་ཡོད། དེར་བརྟེན་གནས་མཇལ་བ་ཚོས་རིག་པ་རྩེ་གཅིག་ཏུ་བསྒྲིམས་ནས་འགྲོ་གི་ཡོད། གྲུབ་ལ་ལ་རྩེ་ནས་འཇོལ་རྫོང་གྲྭ་ཚང་བདེ་ཆེན་གླིང་བྱ་བ་དང་། གཞི་བདག་རི་སྙིང་བསྟན་སྲུང་ཞལ་དམར་ཞེས་པ་མཇལ་བ་དང་། གཞི་བདག་དགྲ་བོ་སྙིང་པོའི་བར་གནས་ཆེན་ཁ་བ་དཀར་པོའི་ཤར་གྱི་རྒྱ་ནོར་བང་མཛོད་ཡིན་པར་གྲགས་ཤིང་དེར་ནོར་བུ་སྒང་ཞེས་མིང་དུ་འབོད། དེའི་ནུབ་བོད་ལ�षོངས་ཚ་བ་རོང་གི་རྩེ་སྒང་ཞེས་པ་དང་། ཤར་གཡག་ར་ཡི་ནགས་མཚམས་ལ་ཁ་བཅས་མངལ་ཐུབ། མདོར་ན་ནོར་བུ་སྒང་ཞེས་པར་སླེབས་སྐབས་མི་སེམས་ལ་དགའ་བ་སྐྱེས་པ་དང་

དེ་ནས་བདེ་ཆེན་རྫོང་མངའ་ཁོངས་ཀྱི་རི་བོ་ཡུལ་ལྷ་གཞི་བདག་ཀུན་མཇལ་ཐུབ། དེར་རྟེན་འཇོལ་གྲྭ་ཚང་བདེ་ཆེན་གླིང་གི་སྲུང་མ་གཞི་བདག་རྣམས་གསོལ་མཆོད་འབུལ་སྐབས་དེར་ཡོང་བ་རེད་ཅེས་བརྗོད་སྲོལ་ཡོད། ནོར་བུ་སྣང་ནས་ཐུར་དུ་འབབ་ཏེ་འཇོལ་རྫོང་མཁར་སླེབས་ནས་གནས་དེ་ནས་འགོ་ཚུགས་པའི་གནས་ཆེན་ཁ་བ་དཀར་པོའི་རྒྱབ་སྐོར་ཇ་འདྲ་བ་གཅིག་འཁོར་ནས་དགེ་བ་དང་བཅས་གྲུབ་སོང་།

ཡུན་ནན་ཞིང་ཆེན་བདེ་ཆེན་ཁུལ་གྱི་གཡུ་འབྲུག་གངས་རི།

དེ་མིན་ཡུན་ནན་ཞིང་ཆེན་བོད་རིགས་རང་སྐྱོང་ཁོངས་སུ་ཡོད་པའི་གཡུ་འབྲུག་གངས་རི་དང་། པདྨ་གངས་རི་སོགས་ཀྱི་རི་རྒྱུད་མང་དག་ཅིག་བོད་དབུས་གཙང་གི་གངས་རི་གནོད་སྦྱིན་གངས་བཟང་དང་། ཁ་རག་ཇོ་མོ། དེ་བཞིན་ལྷོ་ཁ་ལྷོ་བྲག་རྫོང་ཁོངས་སུ་གནས་པའི་གངས་རི་སྐུ་ལྷ་མཁའ་རི་མཐོ་ཚད་རྒྱ་མཚོའི་ངོས་ལས་སྨིད་7538ཡོད་པའི་འགྲུགས་རོམ་སོགས་དང་འདྲ་བར་མངོན་བསལ་ངོད་པོས་ཁ་བ་བཞུར་ནས་རྫ་རོང་ངེར་གནས་ཡོད་པ་མཐོང་ཆོས་སུ་གྱུར།

མཇུག་བསྡུའི་གཏམ།

གོང་གསལ་《གངས་རིའི་ར་བས་བསྐོར་བའི་ཞིང་ཁམས》ཞེས་པ་དེ་རང་གིས་ལོ་ཤས་འབད་པ་བརྒྱུད། ལོ་རྒྱུས་ཀྱི་དེབ་ཐེར་དང་། དམངས་ཁྲོད་ཀྱི་སྒྲུང་གཏམ། རྒན་རབས་རྣམས་ཀྱི་ངག་སྒྲོས། ཐ་ན་ས་གནས་དངོས་སུ་བསྐྱོད་ནས་དཔྱད་བསྡུར་བྱས་པ་བརྒྱུད་རྒྱ་མཚོ་ནས་ཆུ་ཐིག་ཙམ་གྱིས་རྩོམ་སྒྲིག་བྱས་པར་ཐལ། དེ་ཡང་གཏམ་སྙན་གྲགས་ལ་རློམས་པའི་ང་རོ་མ་ཡིན་པར། རང་རེའི་ལྗོངས་ཀྱི་དྭངས་གཙང་ཁོར་ཡུག་ལ་སྲུང་སྐྱོབ་དང་། མི་རབས་རྗེས་མར་ཕན་འབྲས་ཉིལ་འབྲུ་ཙམ་བྱུང་ན་ཅེ་མ་ཙང་སྙམ་པའི་དུང་སྨྲ་དང་ལྷག་བསམ་དག་པའི་གཉིས་རྒྱུད་ཡིན། ཡིན་ནའང་རང་གི་རྣམ་དཔྱོད་ཀྱི་ཐུ་རྩལ་དམན་པས་འགལ་འཁྲུལ་ཡོང་སྲིད་པས་གཟིགས་པ་པོས་བཀའ་བཙོས་ལྷུག་པོར་ཡོད་པ་ཞུ།

རང་རེ་བོད་ལྗོངས་ནི་ས་གཞི་ཆེན་མོའི་རྩེ་མོར་མཛེས་སྡུག་བརྗིད་ཆགས་ཀྱི་གངས་རིའི་ཕྲེང་བས་ཡོངས་སུ་བསྐོར་ཞིང་མཁའ་ནས་དར་དཀར་འཕྱར་བཞིན་འབབ་ཆུ་དང་བར་ན་རི་ཀླུང་ནགས་ཀྱི་བརྒྱན་པ། མེ་ཏོག་དང་རྩྭ་སྨན་སོགས་ཀྱི་དྲི་བཟང་ཕྱོགས་བཞིར་འཐུལ་བ། བྱ་རིགས་སྣ་ཚོགས་ཀྱི་

གསུང་སྣན་སྒྲོགས་ཤིང་ལྡེམ་འགྱུར་གྱི་གཤོག་རྩལ་ངོམས་པ། ཛ་ཆུ་དང་དང་གཡའ་ཆུ། གངས་ཆུ་དང་ལྷ་ཆུ་སོགས་ཀོ་ཙོ་སྒྲོག་བཞིན་ལྷུང་ལྷུང་རྒྱུགས་པ། རྩ་ཆེའི་འདབ་ཆགས་དང་རྨིག་ཆགས། སྡེར་ཆགས་སོགས་རི་སྐྱེས་སྲོག་ཆགས་སྣ་ཚོགས་བག་ཕེབས་ཀྱི་ཕར་རྒྱུགས་ཚུར་རྒྱུགས་བྱེད་པ། ཀླུང་ན་ སྤྲང་གཤོང་དང་མུ་མཐའ་མེད་པའི་རྩྭ་ཐང་ཐོག ཏ་ནོར་ལུག་གསུམ་གྱི་ཁྱུ་ཚོགས་ནམ་མཁའི་སྤྲིན་ཚོགས་ལྟ་བུ། ངོ་མཚར་ཆེ་བའི་གནས་མཆོག་དེ་རྣམས་མཇལ་སྐབས། དབྱར་གྱི་དཔལ་མོའི་མཛེས་ཞལ་མངོན་པར་བཞད་པ་ལྟ་བུའི་ཡིད་ལ་དགའ་སྣང་སྐྱེ་བ་དང་གནས་དེར་ཞེན་ཆགས་བྲལ་མི་ཐོད་པའི་ཚོར་སྣང་སྐྱེ་ཡི་ཡོད། གནས་མཆོག་ཁྱད་དུ་འཕགས་པ་དེར་སྲུང་སྐྱོབ་བྱ་རྒྱུ་ནི་གལ་འགངས་ཤིན་ཏུ་ཆེ་སྙམ། གོང་གསལ་གངས་རིའི་འབྱུང་བ་རགས་ཙམ་བརྗོད་པ་དེའི་ཐད་ནས་གངས་ལྗོངས་ཞེས་བྱ་བའི་མིང་གི་ཐ་སྙད་རྟོགས་ཐུབ་པ་ཟད། གངས་རི་འདི་དག་ཤིན་ཏུ་རྩ་ཆེ་བས་ཆུ་བོ་ཐམས་ཅད་ཀྱི་ཆུ་འགོ་དང་། གངས་རི་འདི་དག་ནི་མི་ཟློག་སེམས་ཅན་ཐམས་ཅད་ལ་ནུ་མ་སྤྲིན་མཁན་དྲིན་ཆེན་སྐྱེ་མ་ལྟ་བུ་ཡིན་ནོ། རང་རེ་གངས་ལྗོངས་ལ་འཛམ་གླིང་ཐོག་སྐད་གྲགས་ཤིན་ཏུ་ཆེ་བའི་གངས་རི་གནམ་གྱི་ཀ་བ་ལྟ་བུ་མང་དག་ཡོད་པ་ནི་མགྲིན་པ་གཟེངས་སུ་བཏེགས་ནས་སྤོབས་པ་སྐྱེ་འོས་པར་གྱུར། ཡང་ཡིད་ཕམ་དགོས་པ་ཞིག་ནི་ད་ལྟ་འཛམ་གླིང་སྤྱིར་སའི་གོ་ལ་ཏྲོལ་པོར་ཚ་ནུས་ཆེ་ཆེར་འགྲོ་བ་དང་། ལྷག་པར་མི་རང་ཉིད་པོ་ནས་བཟོས་པའི་རྒྱུ་རྐྱེན་སྣ་ཚོགས་ཀྱིས་རྐྱེན་པས། རང་བྱུང་ཁམས་ཀྱི་གནོད་འཚེ་གཅིག་རྗེས་གཉིས་མཐུད་དུ་ཐོན་གྱི་ཡོད་པ་རེད། གློ་ཕམ་དང་སྐྲོ་སྣང་གི་གནས་ཚུལ་དེ་རིགས་མཐོང་དུས། རང་དབང་མེད་པར་ཚོར་སྣང་འདི་འདྲ་ཡོང་གི་ཡོད། སྐྱེ་མ། རང་ལ་ནུ་མ་སྤྲིན་མཁན་དྲིན་ཆེན་སྐྱིད་མ་ནད་ཀྱིས་བཏུངས་ནས་ཟུག་ཟུ་མི་བཟོད་པར་འཁུན་སྒྲ་སྒྲོག་ཅིང་མིག་ནས་འཆི་མའི་ཐིགས་ཕྲེང་འབབ་བཞིན་ཡོད་ལ། བཟོད་གླགས་མེད་པའི་སྡུག་ངལ་དུ་གྱུར། ཁྱོད་ཀྱིས་ད་དུ་སྐྱེ་མར་སྨྲ་གྱི་འཕྲུར་ནུས་བསམ། ང་ཚོ་སེམས་ཅན་ཐམས་ཅད་འཚོ་སྡོད་ཐུབ་པ་མ་ཡི་དྲིན། ང་ཚོ་ཡིས་མ་ཡི་དྲི་ལན་གསོས་མ་ཐུབ་ཀྱང་མ་ཡི་ལུས་ལ་གནོད་འཚེ་གཏོང་བ་ག་ལ་ནུས་བསམ། གལ་སྲིད་རང་འཚོ་སྡོད་ཐུབ་པའི་འབྱུང་ཁམས་དེ་མེད་ན་ང་ཚོ་སེམས་ཅན་ཐམས་ཅད་འཚོ་སྡོད་ཐུབ་བམ།

དེར་བརྟེན་ཁོར་ཡུག་སྲུང་སྐྱོབ་བྱ་རྒྱུ་དེ་གོང་འོག་ཚང་མར་འགན་འཁྲི་ཡོད། ལྷག་པར་དུ་འགོ་ཁྲིད་མི་སྣས་ཁ་ཚོན་པོ་ན་བཅད་ནས་མི་སྤྲོད་པར། ཁོར་ཡུག་ལ་གནོད་འཚེ་མི་ཡོང་བ་གཙོ་བོར་བཟུང་ནས་འཛུགས་སྐྲུན་བྱ་གཞག་སྤེལ་དགོས། མིག་མདུན་གྱི་ཁེ་ཕན་དང་སྐོར་མ་པོ་ན་བསམ་ནས་ཁོར་ཡུག་གཏོར་བཤིག་བཏང་ནས། དཔལ་འབྱོར་ཡར་རྒྱས་ཟེར་བ་ཤིན་ཏུ་གླེང་སྐྱུགས་ཀྱི་བྱ་སྤྱོད་དེ་རིགས་མི་ཡོང་བ་བྱས་ནས་ཕྱི་རབས་ཀྱི་ཆེད་དུ་བསམ་བློ་མང་ཙམ་གཏོང་དགོས། འདས་པའི་ལོ་ཟླའི་ནང་རང་རེ་བོད་ལྗོངས་ལ་ཡང་གཤམ་གསལ་གྱི་གནས་ཚུལ་ཐོན་ཡོད་པ་སྟེ། ལྗོན་ཤིང་གང་བྱུང་དུ་གཅོད་པ་དང་གཏེར་ཁ་གང་བྱུང་དུ་ཐོག་འདོན་བྱེད་པ། རྩ་ཆེའི་སྲོག་ཆགས་གང་བྱུང་དུ་གསོད་པ། ཐག་རྡོ་གང་བྱུང་དུ་གཤགས་ནས་རི་དཀར་པོ་བཟོ་བ། ས་འོག་ནས་ཆུ་གང་བྱུང་དུ་འདྲེན་པ། འཛུགས་སྐྲུན་རྒྱུ་ཆ་གང་བྱུང་དུ་ཐོག་འདོན་བྱེད་པ། སྤང་ཁ་གང་བྱུང་དུ་འབྲེག་པ། རྫས་འགྱུར་ཡོད་པའི་ཆུ་སྙིགས་གང་བྱུང་རྒྱ་ཡན་གཏོང་བ་སོགས་དང་ཆུང་སར་ཆ་བཞག་ན་གད་སྙིགས་གང་བྱུང་དུ་དཀྱུག་པ་དང་། དྲི་ཆུ་གང་བྱུང་དུ་གཏོང་བ། ཐ་ན་གནས་སྐོར་བ་ཡིན་ཟེར་བ་འགས་རང་གི་ལྷམ་ཉུལ་དང་གོས་རྙུལ་ཞ་སྙིང་དྲིག་པས་ཡོངས་སུ་ཁེངས་པའི་ལྷུགས་མདུད་སོགས་ཕུང་པོ་བྱས་གནས་རི་གཙང་མར་འཛག་གི་ཡོད།

ང་ཚོ་མི་རེ་ངོ་རེས་ཁོར་ཡུག་ལ་རང་གི་མིག་འབྲས་ལྟ་བུའི་གཅེས་སྐྱོང་གི་འདུ་ཤེས་ཡོད་པའི་མི་སྣ་ཚུལ་ལྡན་ཞིག་བྱ་རྒྱུར་འབད་འཐབ་དང་། འཛམ་གླིང་ཡར་རྩེའི་ས་གཙང་གནས་མཆོག་འདི་དག་ཚེ་ཚེ་རབས་རབས་གནས་ཐུབ་པ་དང་དུ་ལེན་པ་ལས་ཁོར་ཡུག་གཏོར་བཤིག་གཏོང་མཁན་གྱི་མི་ཐ་ཤལ་ཐིག་ཏོ་ཟུངས་མེད། ལོ་རྒྱུས་ཀྱི་ཉེས་ཅན་པ་ཞིག་གཏན་ནས་བྱ་རྒྱུ་མེད། དེ་ན་ངེད་ཀྱིས་རྩོམ་སྒྲིག་བྱས་པའི་《གངས་རིའི་ར་བས་བསྐོར་བའི་ཞིང་ཁམས》ཞེས་བྱ་བ་དེའི་ཚིག་གི་ཆ་ཤས་རེར་ཡང་དོན་བཟང་རོ་འབུམ་ཕྲག་ཏུ་བྲོ་བའི་འདུན་པ་དང་བཅས་དགེའོ། །

སྔོན་སྔོན་ཕྱོགས་བཞིར་གྲགས་པའི་ཁ་བའི་ལྗོངས། །

མཐོ་མཐོ་གངས་རིའི་ར་བས་ཡོངས་བསྐོར་བའི། །

སྐྱིད་སྐྱིད་ལྷ་གནས་སོ་གསུམ་ས་ལ་འཕོས། །
ལེགས་ལེགས་བསྔགས་པའི་བ་དན་ཕྱོགས་བཞིར་གཡོ། །

བརྗེད་བརྗེད་རི་རྒྱལ་རྗོ་མོ་ལྷ་སྨན་ཡི།།
རྩེ་རྩེ་ཡང་རྩེའི་སྲིད་པའི་མཐའ་ན་མཛེས། །
དཀར་དཀར་གངས་རྩེར་འཆར་ཀའི་ཉི་འོད་ཕོག།
གསལ་གསལ་གསེར་འོད་མཛེས་པས་ཟླ་མེད་འགྲོ། །

འཁྱིལ་འཁྱིལ་སྤྲིན་དཀར་དགུང་ན་གདུགས་ལྟར་འཁྱིལ། །
ལྷེབ་ལྷེབ་ཁ་བའི་འདབ་ལ་ལྷབ་ལྷུག་གཡོ། །
ལྷུང་ལྷུང་གངས་ཆུ་བསིལ་མ་འབབ་པའི་སྒྲ། །
སྙན་སྙན་ཆོས་སྒྲ་དབྱངས་སུ་ལེན་པ་འདྲ།།

མཚར་མཚར་མེ་ཏོག་སྤང་རྒྱན་མཆོན་ཚོགས་བཀྲ། །
ཞིམ་ཞིམ་དྲི་ལྡན་སྨན་མཆོག་རི་ཕྲུང་ཁེངས། །
ལྷང་ལྷང་སྣ་ཡི་བུ་གར་འཐུལ་ཙ་ན། །
མང་མང་བཞི་བརྒྱ་རྩ་བཞིའི་ནད་རིགས་འཇོམས། །

མཐོ་མཐོ་རི་བོ་ཧི་མ་ལ་ཡ་དབུ་འཕང་མཐོ། །
རིང་རིང་རི་རྒྱུད་དཔག་ཚད་ཕ་མཐའ་བཟུང་། །

བསྐོར་བསྐོར་གངས་རིའི་ཕྲེང་བས་ཡོངས་སུ་བསྐོར། །
མཆོག་མཆོག་རིན་ཆེན་སྐྱེ་དགུའི་གསོས་སུ་སྨིན། །

རྫིག་རྫིག་ལྷུན་སྡུག་གངས་རི་གྲངས་ལས་འདས། །
ཧྲིལ་ཧྲིལ་ས་ཡི་གོ་ལའི་བསིལ་གཡབ་འདྲ། །
གདུག་གདུག་ཚ་བས་བརྡུང་བའི་མི་ཡི་ཡུལ། །
བསྙོམས་བསྙོམས་ཚ་གྲང་བསྙོམས་པའི་མགོན་པོ་ཡིན། །

བསིལ་བསིལ་གངས་ཆུ་དྭངས་མའི་བྱིན་རླབས་ཀྱིས། །
བསྐམ་བསྐམ་ས་གཞི་བསྐམ་པོ་བརླན་ལ་འགྱུར། །
སེམ་སེམ་མྱུ་གུ་རྒྱས་པའི་ས་བོན་བསྐྲུན། །
སོ་སོ་ས་གཞི་ཆེན་མོར་མ་ཆད་བསླུབས། །

ཚོགས་ཚོགས་གངས་རིའི་ཕྲེང་བ་དེ་དག་ལས། །
དྭངས་དྭངས་ཆུ་བོ་ཆད་མེད་ལྷུང་ལྷུང་འབབ། །
ཁྱུ་ཁྱུ་རི་སྐྱེས་སྲོག་ཆགས་འདྲ་མིན་གྱིས། །
སྐོམ་སྐོམ་ཆུ་ལ་འདོད་པས་ལོངས་སུ་སྤྱོད། །

དཀར་དཀར་དངུལ་གྱི་མཆོད་རྟེན་གངས་ཏི་སེ། །
རིང་རིང་གྱང་ནས་ཞལ་མཇལ་ཞུས་མ་ཐག །

ཡོང་ཡོང་དད་པའི་སྤྲུ་ཡོངས་རབ་གཡོས་ནས། །
གུས་གུས་ཕྱག་འཚལ་དད་གུས་སྤྲོ་གསུམ་སྐྱེས། །

རྩེ་རྩེ་དུས་བཞིར་རབ་དཀར་གངས་ཏི་སེ། །
སྤུར་སྤུར་སངས་རྒྱས་མཆོག་གི་ལུང་བསྟན་ཡོད། །
གྲགས་གྲགས་རྣལ་འབྱོར་རྗེ་བཙུན་མི་ལ་ཡིས། །
དངོས་དངོས་རྫུ་འཕྲུལ་དུ་མ་བཞེས་སའི་གནས། །

མཚར་མཚར་ས་གཞིར་གྲགས་པའི་གངས་ཏི་སེ། །
མཛེས་མཛེས་མཛངས་མའི་ཞལ་རས་དར་དཀར་བསྒྲུམས། །
ལྷེམ་ལྷེམ་སྙིད་པ་ཡན་ཆད་དབུ་འཕང་མཐོ། །
ཙོག་ཙོག་མགུལ་ཆུ་དངུལ་གྱི་བུམ་པ་འདྲ། །

བསྐོར་བསྐོར་ཏི་སེའི་སྐོར་ལམ་ཐམས་ཅད་ན། །
གསལ་གསལ་དགྲ་བཅོམ་ལྔ་བརྒྱའི་ཞབས་རྗེས་བཀོད། །
དཀྱིལ་དཀྱིལ་ཏི་སེའི་དཀྱིལ་འཁོར་སྐོར་མོ་ན། །
མཆོག་མཆོག་སྒྲུབ་ཆེན་འབུམ་གྱི་སྒྲུབ་ཁང་མཆིས། །

དཀོན་དཀོན་ཉོན་མོངས་མ་འགོས་པདྨ་བཞིན། །
བཙེ་བཙེ་ཐུགས་རྗེའི་བྱིན་རླབས་མཐུ་ལྡན་གྱིས། །

མང་མང་སེམས་ཅན་ཉམ་ཐག་ཡོངས་དགུ་ཡི། །
ལྷིད་ལྷིད་ནད་དང་སྡུག་བསྔལ་ཞི་བར་མཛོད། །

ཕྱོགས་ཕྱོགས་བཞི་ཡི་ཁ་འབབ་ཆུ་བོ་ཡི། །
རིང་རིང་རྒྱུགས་པས་འཛམ་གླིང་ཤར་གྱི་ཕྱོགས། །
ཁག་ཁག་ཆུ་བོ་ཀུན་གྱི་ཆུ་འགོ་སྟེ། །
སྐྱོང་སྐྱོང་འགྲོ་རྣམས་སྐྱོང་བའི་སྐྱེད་མ་ཡིན། །

དྭངས་དྭངས་འཛམ་གླིང་ཡང་རྩེའི་ཆུ་བོའི་རྒྱུན། །
སྐྱབས་སྐྱབས་ཐ་ཆླབས་སྐྱབས་སྐྱབས་དལ་དལ་གྱིས། །
རྒྱུགས་རྒྱུགས་བྱང་ཆུབ་ཕྱུགས་ཀྱི་འགྲོ་རྣམས་སྐྱོང་། །
ཉག་ཉོག་འགེགས་མེད་བདེ་བ་མ་ལུས་འབྱུང་། །

འདྲ་འདྲ་མཚོ་མོའི་མཆོག་ཞེས་མ་ཕམ་མཚོ། །
གཙང་གཙང་སྙོགས་མེད་ཡན་ལག་བརྒྱད་དང་ལྡན། །
བསིལ་བསིལ་ངྲོད་སྙོམས་འཛམ་པའི་ཡན་ལག་གིས། །
ཚ་ཚ་གདུང་བ་བསིལ་བར་བྱིན་གྱིས་རློབས། །

གྱུས་གྱུས་སོར་མོའི་འདབ་མ་སྙིང་ཁར་བཅངས། །
མཁྱེན་མཁྱེན་དུས་གསུམ་སངས་རྒྱས་ཀྱིས་མཁྱེན་ནོ། །
མཛེས་མཛེས་ལྷུན་གྱིས་འགྲུབ་པའི་ཁ་བའི་ལྗོངས། །
ཆེ་ཆེ་རབས་རབས་གནས་པར་བྱིན་གྱིས་རློབས། །

དགེའོ། །

དཔྱད་གཞིའི་ཡིག་ཆ།

1 གཙང་སྨྱོན་ཧེ་རུ་ཀ «རྣལ་འབྱོར་གྱི་དབང་ཕྱུག་ཆེན་པོ་རྗེ་བཙུན་མི་ལ་རས་པའི་རྣམ་མགུར།»

2 འབྲི་གུང་གདན་རབས་སོ་བཞི་པ་དཀོན་མཆོག་བསྟན་འཛིན། «གངས་རིའི་གནས་བཤད་ཤེལ་དཀར་མེ་ལོང་།»

3 «མཁས་དབང་དགེ་འདུན་ཆོས་འཕེལ་གྱི་གསུང་རྩོམ།» དེབ་གཉིས་པ།

4 བསོད་ནམས་རྡོ་རྗེ་དང་བཀྲ་ཤིས་དོན་གྲུབ། «གནས་ཆེན་ཁ་བ་དཀར་པོའི་གསང་སྙིང་།»

5 བོད་ལྗོངས་ནང་བསྟན་2004ལོའི་དུས་དེབ་དང་པོ། ཙ་རི་ཏྲ་ཡེ་ཤེས་འཁོར་ལོའི་ལྟེ་བ་མཚོ་དཀར་སྤྲུལ་པའི་ཕོ་བྲང་གི་གནས་ཡིག་གསལ་བའི་སྒྲོན་མེ་དཔེ་སྙིང་འདེམས་བཏུས་དང་། མ་ཧེ་བསྟན་འཛིན་གྲགས་པ། «ཁ་རག་གངས་རིའི་གནས་ཡིག»

6 གཡུ་བུན་སྤྲུལ་སྐུ་བསྟན་འཛིན་ཚུལ་ཁྲིམས། «ཞང་བོད་གནས་མཆོག་རི་མཚོ་ཧ་སྒོ་དྭངས་རའི་གནས་ཀྱི་ལོ་རྒྱུས་དྭངས་གསལ་ནོར་བུའི་ཕྲེང་བ།»

7 ས་ལུ་ཤཱཙ་ཉི་ཆོས། «གྲོ་མོའི་ཕག་རི་ཇོ་མོའི་གནས་ཡིག་དད་པའི་པདྨ་བཞད་པའི་ལྷུམ་ར།»

8 ཕུར་བུ་རྡོ་རྗེ། «ཉིང་ཁྲིའི་རི་ཆུའི་གནས་བཤད།»

9 ཀྲུང་གོའི་བོད་རང་སྐྱོང་ལྗོངས་རི་འཛོགས་མཐུན་ཚོགས་དང་རི་འཛོགས་ཏུ་ཆེན་གཉིས་ནས་རྩོམ་སྒྲིག་བྱས་པའི་བརྐྱན་པར། «གངས་ལྗོངས་གནས་རི།»

10 གྲུང་ཤོད་བྱམས་པ་བསྟན་འཛིན། «ཡ་ལ་ཤམ་པོའི་གནས་ཡིག་དྭངས་གསལ་མེ་ལོང་།»

༄། །གངས་རིའི་ར་བས་བསྐོར་བའི་ཞིང་ཁམས།

སྒྲིག་རྩོམ་པ།	བསམ་ཤོད།
རྩོམ་སྒྲིག་འགན་འཁུར་བ།	སྒྲོལ་མ་འཚོ།
པར་འདེབས་འགན་འཁུར་བ།	ལྷ་མོ་ཆོས་སྒྲོན།
མདུན་ཤོག་མཛེས་འཆོས་པ།	སྐལ་བཟང་ནོར་བུ།
དཔེ་སྐྲུན་འགྲེམས་སྤེལ་ཚན་པ།	བོད་ལྗོངས་མི་དམངས་དཔེ་སྐྲུན་ཁང་། (ལྷ་ས་གླིང་སྐོར་བྱང་ལམ་སྒོ་ཨང་20པ།)
པར་འདེབས་ཚན་པ།	ལྷ་ས་གྲོང་ཁྱེར་མིང་ཤིང་པར་འདེབས་ཚད་ཡོད་ཀུང་སི།
དེབ་ཚད།	787×960 1/16
པར་ཤོག	8.25
ཡིག་གྲངས།	ཁྲི་10
པར་གཞི།	2021ལོའི་ཟླ7པར་པར་གཞི་1པོ་བསྒྲིགས།
པར་ཐེངས།	2021ལོའི་ཟླ7པར་པར་ཐེངས་1པོ་བཏབ།
པར་གྲངས།	01- 2,000
དཔེ་རྟགས།	ISBN 978-7-223-06725-6
རིན་གོང་།	སྒོར་32.00